元宇宙技术：虚拟现实基础

主　编　刘甫迎　刘　焱
副主编　张启军

北京理工大学出版社
BEIJING INSTITUTE OF TECHNOLOGY PRESS

内 容 简 介

本书分为四篇共 10 章。虚拟现实（VR）基础篇：VR 概念及产业应用、体系结构，关键技术与开发流程，元宇宙、GPT 与 VR 未来，VR 接口设备、空间计算设备和配上 ChatGPT 的 AR 眼镜；虚拟世界构建与 VR 引擎篇：含图形技术、VRP、Unity 与 VR 实操；基于图像的 VR 技术及全景图制作篇；增强现实/混合现实及移动端开发篇。本书立足应用和实践，案例多、教学资源丰富。

本书可作本科和高职数字媒体、计算机和艺术类专业及培训机构教材，也可供相关从业人员参考。

图书在版编目（CIP）数据

元宇宙技术：虚拟现实基础 / 刘甫迎，刘焱主编
. -- 北京：北京理工大学出版社，2024.1
ISBN 978-7-5763-3464-7

Ⅰ. ①元… Ⅱ. ①刘… ②刘… Ⅲ. ①虚拟现实
Ⅳ. ①TP391.98

中国国家版本馆 CIP 数据核字（2024）第 034813 号

责任编辑： 陈　玉	**文案编辑：** 李　硕
责任校对： 刘亚男	**责任印制：** 李志强

出版发行 ／ 北京理工大学出版社有限责任公司
社　　址 ／ 北京市丰台区四合庄路 6 号
邮　　编 ／ 100070
电　　话 ／（010）68914026（教材售后服务热线）
　　　　　　（010）68944437（课件资源服务热线）
网　　址 ／ http://www.bitpress.com.cn

版 印 次 ／ 2024 年 1 月第 1 版第 1 次印刷
印　　刷 ／ 河北盛世彩捷印刷有限公司
开　　本 ／ 787 mm×1092 mm　1/16
印　　张 ／ 15.25
字　　数 ／ 355 千字
定　　价 ／ 89.00 元

前言

元宇宙（Metaverse）是利用科技手段进行链接与创造、与现实世界映射和交互的虚拟世界，是具备新型社会体系的数字生活空间。其虚拟现实和增强现实技术将虚拟世界与真实世界相融合，使人类社会生活发生深刻变化，是当今人们研究和应用的一个"热点"。本书介绍其虚拟现实基础，主要特点如下。

（1）《元宇宙技术：虚拟现实基础》是一本集概念、原理、技术、开发应用（即下图的宏观、中观、微观、实践）于一体的虚拟现实教程，在系统性和实用性、广度和深度诸方面寻求平衡。其课程建议 64 学时，其中理论教学 40 学时、实践教学 24 学时。

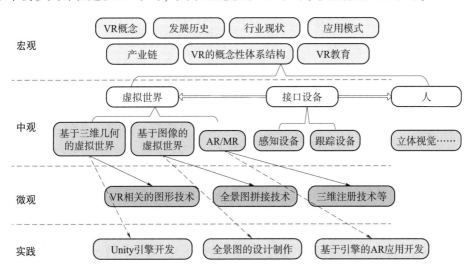

（2）注重数字经济"新工科"前沿新技术，特别是还涉及了人工智能（AI）之 GPT 对虚拟现实（VR）的影响，以及世界首款空间计算设备苹果 AR 眼镜 Vision Pro 和配上 ChatGPT 的 AR 眼镜等新技术。

（3）基于工程认证成果导向教育（OBE），目标是让学生掌握 VR 基本知识及技术，为成为 VR 应用开发工程师奠定基础。本书每章均设置了知识目标、能力目标和思政目标。

（4）理实结合，突出实践。特别推荐基于业界实际使用的虚拟现实 Unity 引擎平台进行开发应用，培养学生创新与实践能力，本书适合应用型本科和高职高专院校使用。

（5）技术开发与设计制作结合。本书既注重编程技术的开发，又重视艺术设计的制作（如第 3 章介绍了与 VR 相关的图形技术等）。

（6）行校结合、校企合作。本书是在高校教学与虚拟现实企业、培训机构合作的基础上，按照行业标准的需求进行编著的。

（7）强调讲述的理论"以必需、够用为度"，力求深入浅出。

（8）本书案例较多，每章最后给出各类型习题，便于教师教学和学生学习。

（9）与本书配套的辅助教学资源丰富，有电子课件、教学大纲以及相关素材等。

本书由刘甫迎、刘焱担任主编，张启军担任副主编。刘甫迎编写第 1 章、第 2 章；刘焱编写第 3、4、5、6 章；张启军编写第 7、8、9、10 章；全书由刘甫迎和刘焱统稿。本书在编写和出版的过程中，得到了北京理工大学出版社的编辑的帮助，在此表示感谢！

由于作者水平有限，书中难免存在疏漏和不妥，恳请读者批评指正。

编　者

目 录

虚拟现实（VR）基础篇

虚拟世界构建与 VR 引擎篇

基于图像的 VR 技术及全景图制作篇

增强现实/混合现实及移动端开发篇

虚拟现实（VR）基础篇

第1章 虚拟现实概述

本章学习目标

知识目标：了解虚拟现实的概念及应用、虚拟现实的概念性体系结构、虚拟现实的关键技术与开发流程，虚拟现实的发展历史与演变，元宇宙、GPT 与 VR 未来。

能力目标：能够体验一项虚拟现实的应用。

思政目标：树立科学技术（包括信息技术及数字技术）是第一生产力，其总是活跃地向前发展，推动社会历史前进的唯物史观；激励学生热爱科学技术，为人类社会的不断进步贡献力量！

1.1 虚拟现实及其应用

本节将介绍何为虚拟现实，虚拟现实的特点及功能要求，虚拟现实的概念辨析及产业应用等内容。

1.1.1 何为虚拟现实

1. 虚拟现实简介

虚拟现实（Virtual Reality，VR），顾名思义，就是虚拟世界和现实世界的相互结合。从理论上来讲，VR 技术是一种可以创建和体验虚拟世界的计算机仿真系统，它利用计算机生成一种模拟环境，使用户沉浸在该环境中。VR 技术就是利用现实生活中的数据，通过计算机技术产生的电子信号，将其与各种输出设备结合使其转化为能够让人们感受到的现象，这些现象可以是现实中真实的物体，也可以是我们肉眼所看不到的物质，通过三维模型表现出来。因为这些现象不是我们直接能看到的，而是通过计算机技术模拟出来的现实中的世界，故称为虚拟现实。

VR 技术的一个重要方向是计算机仿真技术与计算机图形技术、人机接口技术、多媒体技术、传感器技术、网络技术等多种技术的集合，是一门富有挑战性的交叉技术前沿学科。VR 技术主要包括模拟环境、感知、自然技能和传感设备等方面。模拟环境是由计算机生成的、实时动态的三维立体逼真图像。感知是指理想的 VR 应该具有一切人所具有的感知。除计算机图形技术所生成的视觉感知外，还有听觉、触觉、力觉、运动等感知，甚至包括嗅觉和味觉等，也称为多感知。自然技能是指人的头部转动，眼睛、手势或其他人体行为动作，由计算机来处理与参与者的动作相适应的数据，并对用户的输入做出实时响应，并分别反馈到用户的五官。传感设备是指三维交互设备。

简单来说，VR 技术是一种多源信息融合的、交互式的、三维动态视景和实体行为的系统仿真技术，能够使用户沉浸其中。

2. 虚拟现实的终极目标

虚拟人体是 VR 的终极目标。

中国工程院院士、虚拟现实技术与系统国家重点实验室主任赵沁平说："例如如果在医学中应用，虚拟人体是基础，如果它实现了其他都能实现，所以是虚拟现实的终极目标"。虚拟人体是对真实人体进行动、静态多源数据采集，并通过几何、物理、生理和智能建模，构建的数字化人体。人体各种尺度单元的生理模型及其智能特征模型将是 VR 的终极研究目标，但微秒级过程的仿真和千亿级脑神经元系统的模拟是对计算能力的巨大挑战。赵沁平对虚拟人体的愿景是在孩子出生后的那天开始，有一个完全等同的数字化虚拟人体伴随着同步成长，作为孩子的健康档案和医疗实验体。

目前，虚拟人体的研究已经得到一些发达国家的重视。例如，通过"解码"人体器官，对生理、病理、认知思维等现象进行研究，可以助推人类对人体、生命过程和智能的认识；基于人体进行手术规划、语言和训练，可以提高医疗水平等。

3. 虚拟现实的当前实现形式

1）软件、硬件综合应用的前沿学科

截至目前，世界上还没有关于 VR 技术的普遍适用的定义，但一般可以认为：它利用各种人机交互技术，为人类在现实空间之外创造了另一个尽可能真实的、互动的、身临其境的虚幻世界，使人类可以漫游其中，体验最真实的虚拟空间，不受任何限制地在自己的梦想里散步。

VR 技术已经广泛应用于新媒体、航天、军事、工程等各种尖端科技领域中，并将作为一种先进的技术手段更为广泛地应用于我们的日常生活中。由于 VR 技术在人机交互中使用的显示器大多是头盔式增强型随身看显示系统，所以，随身看显示系统是目前前景较为广阔的应用领域。用户只需戴上 VR 装备，如头盔、眼镜等，就可以身临其境地感受到设备中设置好的各种场景。

VR 系统一般包括用户控制系统，如人体运动监测、控制杆、键盘、鼠标等控制设备和视觉、听觉、触觉、嗅觉、味觉等人类感觉方面的仿真反馈系统、处理系统，以及人类感知的信息显示系统，即显示器、音响、三维座椅等。其中，视觉、听觉的控制和仿真是目前 VR 技术较为主要的发展方向，而头盔式增强型随身看显示系统则是用户使用的主要产品形式。

2）在计算机中预先构造虚拟空间

VR 技术依赖于大量的计算机软件技术，如人工智能、模式识别、图形技术、底层接口技术、新型显示技术、场传感器技术、力量反馈系统和无线/有线通信等技术综合应用的一门交叉学科。从本质上讲，VR 是对现实世界的再现和梦境的实现；从技术角度上讲，它是软件、硬件领域的前沿技术综合应用和面向对象的综合技术开发。

VR 可以使人们在头上戴一个头盔式增强型随身看显示系统的情况下，身临其境地体验梦幻的 VR 场景。其实，这些 VR 场景，就是使用复杂的软件技术，首先在计算机中构造一个真正的虚拟空间，空间中的每一个点都具有 X、Y、Z 3 个维度的坐标及色彩、法线、逻辑关系等众多维度的信息，计算机再通过传感器、操纵杆、鼠标等用户输入设备确定 VR 场景中人的位置，最后通过计算机将画面再现到用户眼前，从而创造出虚拟空间。

这样的一系列工作如果能够连贯起来，并且整个系统一个周期的运算时间小于人的视觉暂留时间，那么用户就会在头戴式增强型随身看显示系统的虚像显示屏幕上拥有在 VR 世界中漫游的感觉了。

3）MR——突破虚拟与现实的界限

除 VR 技术外，还有增强现实（Augmented Reality，AR）技术，如今全世界有 20 余家权威的公司正在研究 AR 技术，谷歌的 AR 技术相对成熟，其目标是在屏幕上把虚拟世界套在现实世界并进行互动。这种技术最早在 1990 年被提出，随着随身电子产品运算能力的提升，其用途越来越广。例如，2017 年 8 月，深圳大学推出全国首个 AR 校徽，扫码可游览校园全景。用手机 QQ AR 扫描深圳大学校徽，校徽就会活动起来变成卡通形象和用户打招呼，并引导用户去欣赏深圳大学的 360 度全景校园视频；移动手机时，视频里的内容也随着手机方位的变化而发生变化。

从本质上来讲，AR 是数字媒体和真实世界之间的交互。AR 的成像理念与 VR 沉浸式的成像体验打造出了一种以全息投影现实为主的混合虚拟现实技术，即（Mixed Reality，MR）技术。在 2016 年 6 月举行的微软开发者峰会上，微软首席执行官萨提亚·纳德拉向人们强调了对其混合虚拟现实技术设备——Hololens 的正确"打开"方式，这既不是 VR 头盔，也不是 AR 眼镜，这种混合虚拟现实设备是将计算机生成的 3D 虚拟物体全息投射到现实空间中，Hololens 的佩戴者可以在现实空间中与 3D 虚拟动画进行交互式操作，并触发相应功能。这类混合虚拟现实设备的成像原理不同于沉浸式的 VR 设备，它是将虚拟画面投射到真实空间中，但所投射的全息 3D 图像的成像效果突破了虚拟与现实世界的界限。

1.1.2　虚拟现实的特点及功能要求

VR 具有沉浸感（Immersion）、交互性（Interaction）和构想性（Imagination）三大特性，又称"3I 特性"，如图 1-1 所示。

1. 虚拟现实的三大特点（3I 特性）

（1）沉浸感（Immersion，又称存在感、临场感）：指利用计算机产生的三维立体图像，让人浸沉于一种虚拟环境中，就像在真实的客观世界中一样，能给人具有和在真实环境中一样的感觉；它是 VR 系统对介入者的刺激在物理上和认知上符合人的已有经验，从而使介入者感到自己作为主角存在于模拟环境中的真实程度。

（2）交互性（Interaction）：指在虚拟环境中体验者不是被动地感受，而是可以通过自己的动作改变感受的内容；人能以自然方式与虚拟世界进行交互操作；有专用交互设备，如数据手套、跟踪器、触觉和力反馈装置等。在计算机生成的这种虚拟环境中，人们可以利用一些传感设备进行交互，感觉就像是在真实客观世界中一样。例如，当用户用手去抓取虚拟环境中的物体时，手就有握东西的感觉，而且可感觉到物体的重量。

（3）构想性（Imagination）：也称想象性，强调 VR 技术应具有广阔的可想象空间，可拓宽人类认知范围，不仅可再现真实存在的环境，也可以随意构想客观不存在的，甚至是不可能发生的环境。虚拟环境可使用户沉浸其中并且获取新的知识，提高感性和理性认识，从而使用户深化概念和萌发新的联想，因而可以说，VR 可以启发人的创造性思维。

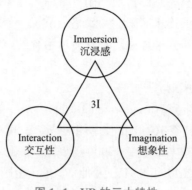

图 1-1　VR 的三大特性

VR 除了上述的三大特性外，还具有多感知性。

多感知性（Multi-Sensory）：计算机生成一个给人多种感官刺激的虚拟环境，如视觉感知、听觉感知、力觉感知、触觉感知、运动感知，甚至包括味觉感知、嗅觉感知等，因此有的人将多感知性称为 VR 的第 4 个特性。

2. 虚拟现实的功能要求

VR 的功能要求包括：迅速的响应、逼真的感觉、个人的视点、自然的交互。

为了实现很好的逼真性，VR 的实现必须采用许多先进的、基于特别技术的人机接口。因此，VR 包括了众多功能，如快速计算、数据分割、复杂数据建模、数据融合和配准、解析和理解、显示、激励器和传感器控制以及快速通信等。

1.1.3　虚拟现实的概念辨析

本小节将介绍 VR 与多学科相关、VR 与三维动画的区别、VR 与计算机仿真系统的区别等，以便对 VR 的概念辨析，进一步理解 VR 的概念。

1. VR 与多学科相关

如图 1-2 所示，VR 与计算机图形学，人工智能，计算机网络，模式识别，计算机视觉，人机交互，自动化控制，声音、触觉等多感知的研究，感知/跟踪元器件，生理学，心理学等多学科相关，其在技术上是多学科的融合。

2. VR 与三维动画的区别

（1）VR 由基于真实数据建立的数字模型组合而成，严格遵循工程项目设计的标准和要求，属于科学仿真系统；而三维动画的场景画面由制作人员根据材料或想象直接画制而成，与真实的环境和数据有较大的差距，属于演示类文艺作品。

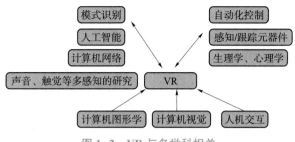

图 1-2 VR 与多学科相关

（2）VR 操纵者亲身体验虚拟三维空间，身临其境；而三维动画预先假定的观察路径，无法改变。

（3）VR 操纵者可以实时感受运动带来的场景变化，步移景异，并可亲自布置场景，具有双向互动的功能；而三维动画只能如电影一样单向演示，场景变化、画面需要事先制作生成，耗时、费力、成本较高。

（4）VR 支持立体显示和 3D 立体声，三维空间真实；而三维动画不支持。

VR 没有时间限制，可真实详尽地展示，并可以在 VR 基础上导出动画视频文件，同样可以用于多模体材料制作和宣传，性价比高；而三维动画受动画制作时间限制，无法详尽展示，性价比低。

（5）VR 在实时三维环境中，支持方案调整、评估、管理、信息查询等功能，适合较大型复杂工程项目的规划、设计、投标、报批、管理等需要，同时具备更真实和直观的多媒体演示功能；而三维动画只具备简单的演示功能。

3. VR 与计算机仿真系统的区别

（1）VR 与计算机仿真系统的相同点：都是对现实世界的模拟；均需要建立一个能够模拟生成视觉、听觉、触觉、力觉等在内的人体感官可以感受的物理环境；都需要提供各种相关的物理效应设备。

（2）VR 与计算机仿真系统的不同点。

①仿真（Simulation）是使用计算机软件来模拟和分析现实世界中系统的行为；而 VR 是对现实世界的再现与体验。

②仿真是让用户从外向内观察；而 VR 使用户作为系统的主体从内向外观察。

③定量与定性的不同。仿真的目标一般是得到某些性能参数，是定量反馈；VR 系统则要求较高的真实感，是定性反馈。

④多感知性不同。理想的 VR 系统就是应该具有人所具有的所有感知功能；而仿真一般只局限于视觉感知。

⑤沉浸感不同。仿真系统是以对话的方式进行交互的，用户与计算机之间是一种对话关系；VR 系统沉浸于等同真实环境的感受和体验。用户能漫游虚拟境界，能以与现实形似的方式处理虚拟环境；虚拟环境能够反馈相应的信息。

综上所述，不能把 VR 和模拟仿真混淆，两者是有一定区别的。概括地说，VR 是模拟仿真在高性能计算机系统和信息处理环境下的发展和技术拓展。可以通过烟尘干扰下能见度计算的例子来说明这个问题。在构建分布式虚拟环境基础信息平台应用过程中，经常需要计算由燃烧源产生的连续变化的烟尘干扰环境能见度。某些仿真平台和图形图像生成系统也研究烟尘干扰下的能见度计算，仿真平台强调烟尘的准确物理模型、干扰后的能见度精确计算以及对仿真实体的影响程度；图形图像生成系统着重建立细致的几何模型，估算光线穿过烟尘后的衰减。而虚拟环境中烟尘干扰下的能见度计算，不但要考虑烟尘的物理特性，遵循烟尘运动的客观规律，计算影响仿真结果的相关数据，而且要生成用户能通过视觉感知的逼真图形效果，使用户在实时运行的虚拟现实系统中产生等同真实环境的感受和体验。

1.1.4 虚拟现实的产业应用

1. 为什么需要虚拟现实

对"虚拟世界"的追求是人的一种本能，具体表现在

（1）走神（人们每天走神约有 2000 次；大脑 15%～25%的时间都在"开小差"）；

（2）做梦；

（3）小说、戏剧、电影中的虚拟场景和人物。

VR 技术在虚拟世界中为我们还原、搭建想要表现的项目模型，并且营造出真实的自然环境、动态的景观（如人物、道路、桥梁、机械、车辆、树木等）。项目模型本身是按照相关资料严格建立的，从外观上保证其准确性；在虚拟的环境中，我们的浏览是完全自由、主动的，就像是在真实世界中一样，可以行走、奔跑、飞翔，也可以超现实地进行景点的快速定位、察看，小到微小的细节、大到宏观的鸟瞰，都可以瞬间完成，尽收眼底。我们可以用鼠标触摸到模型，像现实中一样对其移动、转动。

与传统计算机相比，VR 系统具有 3 个重要特征：临境性、交互性、想象性。由于它生成的视觉环境和音效是立体的，人机交互是和谐友好的，因此 VR 技术一改人与计算机之间枯燥、生硬和被动交的现状，计算机所创造的环境让人们陶醉其中。

由于 VR 这种技术具有"身临其境"的沉浸感；友好亲切的人机交互性；发人想象的刺激性，所以其已流行于世界范围内的各个产业应用领域，如虚拟现实建筑物的展示与参观、路桥工程演示施工培训、虚拟现实手术培训、虚拟现实游戏、虚拟现实影视艺术、建筑设计、工业设计、教育、医学领域等。

2. 虚拟现实的应用领域

VR 的应用总括起来，可以从以下 8 个方面来了解。

1）VR 应用于医学

在虚拟环境中，可以建立虚拟的人体模型，借助跟踪球、头盔显示器、感觉手套，我们可以很容易了解人体内部各器官结构，这比现有的采用教科书的方式有效得多。外科医生在真正动手术之前，通过 VR 技术的帮助，能在显示器上重复地模拟手术，移动人体内的器官，寻找最佳手术方案并提高熟练度，如图 1-3 所示。在远距离遥控外科手术、复杂手术的计划安排、手术过程的信息指导、手术后果预测及改善残疾人生活状况，乃至新药研制等方面，VR 技术都能发挥十分重要的作用。

如今，随着可视化仿真技术和压力反馈技术的深入结合，很多企业都推出了让临床医生在练习外科手术时可以享有视觉及触觉上的双重体验的产品，让其能够身临其境地参与外科手术的全过程。

2）VR 应用于教育

VR 学习的早期应用领域主要集中在硬科学领域，包括生物学、解剖学、地质学和天文学。通过与三维物体、动物环境的交互方式，可显著提升课程的专注度并增加学习机会。VR 在教育上的应用可带来以下几个好处。

（1）弥补远程教学条件的不足。在远程教学中，学校往往会因为实验设备、实验场地、教学经费等方面的因素，使一些本应该开设的教学实验无法进行。而利用虚拟现实系统，可以弥补这些方面的不足，学生足不出户便可以做各种各样的实验，获得与真实实验一样的体会，从而丰富感性认识，加深对教学内容的理解。

（2）避免真实实验或操作所带来的各种危险。以往对于危险的或对人体健康有危害的实验，一般采用电视录像的方式来取代，学生无法直接参与，从而不能获得感性认识。利用 VR 技术进行虚拟实验，则可以免除这种顾虑。

（3）彻底打破空间、时间的限制。利用 VR 技术，可以彻底打破空间的限制。大到宇宙天体，小至原子粒子，学生都可以进入这些物体的内部进行观察。例如，学生可以进入虚拟发电厂，考察发电机的每个部件的工作情况以及每个部件之间的相互联系，了解整个发电过程，这是电视录像媒体和实物媒体无法比拟的。VR 技术还可以突破时间的限制，一些需要几十年甚至上百年才能观察的变化过程，通过 VR 技术，可以在很短的时间内呈现给学生。例如，生物中的孟德尔遗传定律，用果蝇做实验往往需要几个月的时间，而采用 VR 技术仅需一堂课的时间就可以实现。

VR 在教育上的应用如图 1-4 所示。VR 技术是利用三维图形生成技术、多传感交互技术以及高分辨显示技术，生成三维逼真的虚拟环境，使用者戴上特殊的头盔、数据手套等传感设备，或者利用键盘、鼠标等输入设备，进入虚拟空间，成为虚拟环境的一员，进行实时交互，感知和操作虚拟世界中的各种对象，从而获得身临其境的感受和体会。

图 1-3　VR 在医学上的应用

图 1-4　VR 在教育上的应用

3）VR 应用于直播

目前 VR 直播十分受人们欢迎。此前，使用三星 Gear VR 配合相关 App 就能观看 NBA 球赛直播，其高清画面和流畅度使画面与现场相差无几，逼真程度堪比现场观看，如图 1-5 所示。

还有人用 VR 直播演唱会。影视虚拟现实公司 Jaunt 发布了一段披头士乐队的音乐会视频。拥有谷歌公司设计的智能手机头戴式显示器（Google Cardboard）再配上一款兼容的 Android 设备就能通过 360 度 3D 视角观看演唱会，拥有身临其境之感。虚拟现实公司 Otoy 也和美国冰球联盟进行合作，让观众可以享受全视角的冰球比赛，并允许用户在虚拟世界中随意观看和走动。

4）VR应用于通信

处于现实和数字化世界交叉地带的虚拟、增强和混合现实体验把我们带回到面对面交流的发展进程中，所以请不要把混合现实的体验简单等同为科幻片和游戏程序。科幻片和游戏程序不过是让你置身于另一个现实系统当中，而混合现实可以把真实和虚拟世界融为一体，创设出一个现实和数字化共存并能实时交流的新场景。

任意两个人戴上头盔显示器后就可以共享他们所选择的虚拟体验。他们能真切地感受到对方坐在身边，一起翻阅相册，一起共游梦想之地。十年前，人们通过文字交流；今天，我们可以分享图片和视频；未来，通过VR，我们可以共享虚拟体验。VR在通信上的应用如图1-6所示。

图1-5　VR在直播上的应用　　　　　　　　图1-6　VR在通信上的应用

5）VR应用于工作

虚拟现实可以让全球远程团队的员工一起工作，共同应对任务上的挑战。无论员工是否身处一地，只要带上头盔显示器和降噪耳机，就可以沉浸到同一个VR环境中协作办公。语言的障碍也无足轻重，因为VR程序可以进行同声传译。想象一下，Google翻译（Google Translate）可以在两个或更多人间进行实时翻译。

这也意味着工作地点将更加灵活。尽管许多公司仍统一规定工作方式、时间和地点，但有数据显示，如果员工可以自主选择工作方式、时间和地点，他们将会拥有更高的工作效率。有些员工喜欢嘈杂的工作场所，但有些员工需要一个安静的工作环境。有些人白天工作效率高，但有些人晚上工作效率高。VR等技术让员工自主选择工作场景，灵活应变达到工作效率的最佳状态。VR在工作上的应用如图1-7所示。

图1-7　VR在工作上的应用

6）VR 应用于军事与航天工业

模拟训练一直是军事与航天工业中的一个重要课题，这为 VR 提供了广阔的应用前景。美国国防部高级研究计划局（Defense Advanced Research Projects Agency，DARPA）自 20 世纪 80 年代起一直致力于研究被称为 SIMNET 的虚拟战场系统，以提供坦克协同训练，该系统可连接 200 多台模拟器。另外，利用 VR 技术，可模拟零重力环境，替代非标准的水下训练宇航员的方法。VR 在军事与航天工业上的应用如图 1-8 所示。VR 在航海模拟训练上的应用如图 1-9 所示。

图 1-8 VR 在军事与航天工业上的应用　　　　　图 1-9 VR 在航海模拟训练上的应用

7）VR 应用于室内设计

VR 不仅仅是一个演示媒体，而且是一个设计工具。它以视觉形式反映了设计者的思想。例如，在装修房屋之前，设计都需要对房屋的结构、外形进行细致的构思，为了使之定量化，还需设计许多图纸，当然这些图纸只能被内行人读懂，而 VR 则可以把这种构思变成看得见的虚拟物体和环境，使以往传统的设计模式提升到数字化的"所见即所得"的完美境界，大大提高了设计和规划的质量与效率。运用 VR 技术，设计者可以完全按照自己的构思去构建装饰"虚拟"的房间，并可以任意变换自己在房间中的位置，去观察设计的效果，直到满意为止，既节约了时间，又节省了做模型的费用。VR 在室内设计上的应用如图 1-10 所示。

图 1-10 VR 在室内设计上的应用

8）VR 应用于游戏

对很多年轻人来说，最关心的莫过于 VR 游戏。VR 游戏可以将用户更深入地带入游戏境界，给人一种身临其境的、更逼真的游戏感受。

另外，VR 还可应用于电子商务，例如在线上购买衣服时，购衣软件能带来如同在"现场"体验试衣的效果等。此处不赘述。

本节将介绍 VR 概念系统的组成 [包括介入者（人）、人机接口以及虚拟世界及其生成设备] 和 VR 系统的分类等虚拟现实概念性体系结构的内容。

1.2.1 虚拟现实概念系统的组成

VR 概念系统由介入者（人）、人机接口、虚拟世界三大部分组成，如图 1-11 所示。

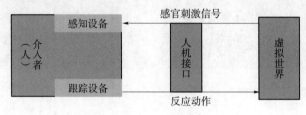

图 1-11 VR 概念系统的组成

1. 三大组成部分

（1）介入者（人）：体验 VR 的人。

（2）虚拟世界：VR 的计算机系统及 VR 的内容。

（3）人机接口：以下两种设备可作为人机接口。

①感知设备：给介入者提供感知信号。

②跟踪设备：探测（接受）介入者的反应动作。

除上述三大组成部分外，VR 概念系统还包括以下组成部分。

（1）硬件：个人计算机（personal computer，PC）、智能手机、Xbox、图形处理器（Graphics Processing Unit，GPU）等。

（2）软件：操作系统、建模软件、虚拟现实引擎等。

（3）网络：分布式虚拟现实系统。通信网络可以把虚拟环境转换成共享的分布式计算环境。

2. 感知与跟踪设备

1）感知设备

（1）听觉感知设备：三维真实感声音的播放设备。

（2）触觉感知设备：一般的接触感、感知质感/纹理感/温度感设备。

（3）力觉感知设备：能反馈力的大小的设备。

（4）运动感知、嗅觉感知、味觉感知设备等。

2）跟踪设备

（1）跟踪并检测用户方位的装置，用于 VR 系统中基于自然方式的人机交互操作，如手势、体势、视线方向变化等。

（2）鼠标和键盘。

（3）数据手套和衣服。

（4）眼球跟踪器。

（5）语音综合识别装置。

（6）智能手机等。

与跟踪设备相关的跟踪方式有头部跟踪、动作捕捉和位置追踪。

例如，头部跟踪。实时头部跟踪使用现成的头盔显示器、三维空间传感器。

动作捕捉。动作捕捉的英文名为 Motion Capture，简称 Mocap。其技术涉及尺寸测量、物理空间里物体的定位及方位测定等方面，可以由计算机直接理解处理的数据在运动物体的关键部位设置跟踪器，由 Mocap 系统捕捉跟踪器位置，再经过计算机处理后得到三维空间坐标的数据。当数据被计算机识别后，可以应用在动画制作、步态分析、生物力学、人机工程等领域。

位置追踪。称为作用于空间跟踪与定位的装置位置追踪器，又称位置跟踪器，一般与其他 VR 设备结合使用，如数据头盔、立体眼镜、数据手套等，使参与者在空间上能够自由移动、旋转，不局限于固定的空间位置，操作更加灵活、自如、随意。该产品有 6 个自由度和 3 个自由度之分。

> 注意：感知与跟踪设备可详见第 2 章。

3. 人机接口

人机接口有以下两个作用。

（1）提供环境感知信息——感知设备：

- 机器→人

（2）跟踪、探测人的动作和响应——跟踪设备：

- 人→机器
- 眼、耳、鼻、舌、身、意→机器

根据实验心理学家统计，人类获取的信息中有 83% 来自视觉，11% 来自听觉，3.5% 来自嗅觉，1.5% 来自触觉，1% 来自味觉。

4. 虚拟世界

1）虚拟世界的定义

目前在互联网上所表现出的"虚拟世界"是以计算机模拟环境为基础，以虚拟的人物为载体，用户在其中生活、交流的网络世界。虚拟世界的用户常常被称为"居民"。居民可以选择虚拟的 3D 模型来替代自己，以走、飞、乘坐交通工具等各种手段移动，通过文字、图像、声音、视频等各种媒介交流，我们称这样的网络环境为"虚拟世界"。尽管这个世界是"虚拟"的，因为它来源于计算机的创造和想象，但这个世界又是客观存在的，它在"居民"离开后依然存在。真实的人类虚幻地存在，时间与空间真实地交融，这是虚拟世界的最大特点。

虚拟世界分为"虚拟的幻想世界"与"虚拟的现实世界"。

（1）虚拟的幻想世界：与大型多人在线角色扮演游戏（Massive Multiplayer Online Role

Playing Game，MMORPG）类似，它只是一个预定主题的幻想世界，《魔兽世界》（World of Warcraft）便是一个典型代表。MMORPG 构造的虚拟世界，多是神话和幻想作品的网络互动版本。该游戏为玩家提供了预先内置的场景和工具，使玩家扮演某一角色然后进入幻想世界，同他人一起去捕杀怪兽，以此不断提升自身等级从而获得更高的技能，赚取更多的游戏币来购买更强大的装备和道具，本质上与现实世界没有关联。

（2）虚拟的现实世界：为虚拟世界的"居民"提供最原始的基本虚拟要素，利用这些要素，"居民"可以在一无所有的"土地"上建造他们想要的任何东西。"居民"对其创造的虚拟财产拥有财产权，由创造者决定他们的产品是否可以被复制、修改或转手。要人们自己来创造与扩展虚拟世界中的"现实"。同时，虚拟世界的生活与现实世界的生活在政治、经济、文化、教育等方面存在一定的关联性。

2）虚拟世界的分类

虚拟世界可以有以下几种分类方法。

（1）根据物理载体分类：这种分类方式与其说是一种分类方式，不如说是虚拟世界的一项属性，主要载体有语言、文字、行为表述、计算机数据、大脑记忆等。

（2）根据交互性分类：可交互型与非交互型虚拟世界。前者常见的有角色扮演、游戏等的背景世界，后者则通常是以讲述为目的的小说、影视等的背景世界。

（3）根据是否有体系结构分类：非体系型和体系型虚拟世界。非体系型虚拟世界指不追求对虚拟世界的世界体系的完整的设计与架构。体系型虚拟世界则会考虑整个世界的体系结构，使其尽可能完善，包括对其人文、自然各领域的全面设定。

（4）根据动态性分类：虚拟世界的"动态性"应从整个世界是否为发展的、这种发展是否为自发的这两个角度划分，而不是以某一个或某一组参与交互的角色的感知为划分依据。因此，虚拟世界可分为静态、伪动态、动态 3 种基础分类。"静态"顾名思义是指从设定完成后一成不变的虚拟世界。"伪动态"是介于"静态"与"动态"之间的一种情况，其主要特征是，所构建世界本身是静态的，但会定期或不定期由其设计者（或其授权者）人为地通过更新版本的方式使其发生改变，从而以一种离散的方式呈现出动态性，但其本质依然是静态的。"动态"是指虚拟世界可以在不需要人为推动的情况下自发地发展，也是目前虚拟世界发展所追求的方向。

3）虚拟世界的含义

对于虚拟世界这个概念，目前主要有狭义和广义两个层面的含义。

（1）狭义的虚拟世界，是指由人工智能、计算机图形学、人机接口技术、传感器技术和高度并行的实时计算技术等集成起来所生成的一种交互式人工现实，是一种能够高度逼真地模拟人在现实世界中的视、听、触等行为的高级人机界面。简单来讲，狭义的虚拟世界是一种"模拟的世界"。

（2）广义的虚拟世界，则不仅包含狭义的虚拟世界的内容，而且指随着计算机网络技术的发展和相应的人类网络行动的呈现而产生出来的一种人类交流信息、知识、思想和情感的新型行动空间，它包含了信息技术系统、信息交往平台、新型经济模式和社会文化生活空间等方面的广泛内容及其特征。简单来讲，广义的虚拟世界是一种动态的网络社会生活空间。由此，可以认为虚拟世界是一个不同于现实世界的、由人工科技（如计算机技术、互联网技术、VR 技术等）所创造的一个人工世界。

事实上，真正意义上的"广义的虚拟世界"跟计算机技术毫无关系。"广义的虚拟世界"是相对于"物理世界"定义的一种具有一定规模及结构、可在其自身设置下自成一体的类似物理世界的体系，是人为设计的、抽象的、"世界级"的一类体系，包含物理世界，但仅在物理世界中具有客观载体和接口，而其内容没有客观存在，需要由大脑或某种媒介具象后才可被认知的世界，其主要特点是自成体系。

这里"虚拟"二字借用了计算机科学领域中"虚拟"这一概念，而"广义"也是相对于计算机科学领域中"虚拟世界"这一概念而言的。事实上"广义的虚拟世界"是与"物理世界"同层次的概念，甚至可以近似理解为同一概念，只不过一个是由人类感知的；一个是由人类设计建造的；一个人类置身其中，一个人类置身其外。

需要注意的是，虚拟世界应该是人为制造的而不是人为发现和连接的。至于有人在"平行宇宙"等概念中提到的自然存在的、非人为设计的、平行于物理世界的其他世界，在此可理解为"超虚拟世界"，就像虚拟世界是由物理世界设计制造的一样，"超虚拟世界"是由更高层次的"超物理世界"设计制造的虚拟世界，而物理世界只是众多"超虚拟世界"中的一个，其他同层次的虚拟世界即可理解为平行世界。这一点可以利用树形结构直观地进行理解。

虚拟世界技术发展的目标将是建立出具有完整体系、稳定的体现出双向动态性并具有良好的交互性的虚拟世界并加以利用。但是人们对虚拟世界的研究则与其他学科一样，试图通过这一领域去探索认识客观事物的本质和内在运动规律，而不仅仅是为了提供一种便利的工具以应用。

1.2.2 虚拟现实系统的分类

VR系统根据用户参与形式的不同一般分为4种模式：桌面式、沉浸式、增强式和分布式。

（1）桌面式VR：使用普通显示器或立体显示器作为用户观察虚拟境界的一个窗口。

（2）沉浸式VR：可以利用头盔显示器、位置跟踪器、数据手套和其他设备，使参与者获得置身真实情景的感觉。

（3）增强式VR：把真实环境和虚拟环境组合在一起，使用户既可以看到真实世界，又可以看到叠加在真实世界中的虚拟对象。

（4）分布式VR：异地不同用户联结起来，对同一虚拟世界进行观察和操作，共同体验虚拟经历，如用部队联合训练的作战仿真互联网。

1.3　虚拟现实的关键技术与开发流程

1.3.1 虚拟现实的技术构架

VR是计算机生成的、人多种感官刺激的虚拟环境。用户应该能够以自然的方式与这个环境交互，从而产生置身于相应的真实环境中的虚幻感、沉浸感，以及其境的感觉。

如图 1-12 所示是一张 VR 关键技术的大致技术构架图，主要由"建模技术"和"人机交互技术"两部分组成，这两部分合为系统集成技术。

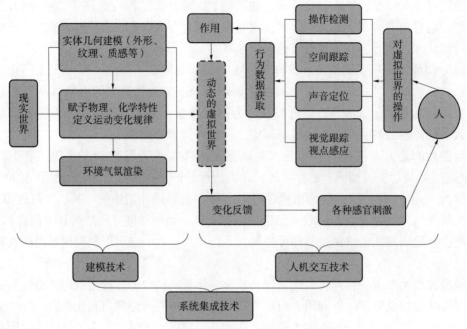

图 1-12　VR 关键技术的大致技术构架图

"现实世界"通过"实体几何建模（外形、纹理、质感等）""赋予物理、化学特性定义运动变化规律""环境气氛渲染"等生成"动态的虚拟世界"。

"人"（主观世界）进行"对虚拟世界的操作"，经由"操作检测""空间跟踪""声音定位""视觉跟踪视点感应"得到"行为数据获取"并"作用"于"动态的虚拟世界"；同时"动态的虚拟世界"也通过"变化反馈"，使人"各种感官刺激"，于是主观世界（人）得到感知。

图 1-12 中的"现实世界"→"动态的虚拟世界"，就是"实物虚化"的过程，在 VR 技术中，必不可少的实物虚化技术有实体几何造型建模、物理行为建模等，它们将从外观和物理特性等方面来对现实世界的物体进行建模，呈现于动态的虚拟世界的虚拟场景中。

"动态的虚拟世界"→"人"，就是"虚物实化"的过程，这一过程需要某些特定的技术和工具的支持。例如，要使用户看到三维的立体影像，需要视觉绘制技术的支持；要使用户看到的虚拟物体逼真，需要真实感绘制技术的支持，要使用户听到三维虚拟的声音，需要三维声音渲染技术的支持；要使用户感受真的触感，需要触觉渲染技术的支持。

另外，增强现实、混合现实涉及现实世界和虚拟世界的叠加，还需要一些配准技术和标定技术的支持来保证叠加的准确性。

1.3.2　实物虚化、虚物实化以及高性能计算处理技术

VR 系统的主要工作流程是将现实世界中的事物转换至虚拟场景中，进而呈现给用户，捕捉用户的交互行为，并做出反应，主要包括实物虚化、虚物实化两个环节。

在 VR 技术方面，系统强调实物虚化、虚物实化以及高性能计算处理，这些技术是 VR 的 3 个主要方面。

1. 实物虚化

实物虚化是现实世界空间向多维信息化空间的一种映射，主要包括基本模型构建、空间跟踪、声音定位、视觉跟踪和视点感应等关键技术，这些技术使真实感虚拟世界的生成、虚拟环境对用户操作的检测和操作数据的获取成为可能。

2. 虚物实化

虚物实化是指确保用户从虚拟环境中获取同真实环境一样或相似的视觉、听觉、力觉和触觉等感官认知的关键技术。

能否让参与者产生沉浸感的关键因素除视觉和听觉感知外，还有参与者能否在操纵虚拟物体的同时，感受到虚拟物体的反作用力，从而产生触觉和力觉感知。

力觉感知主要由计算机通过力反馈手套、力反馈操纵杆对手指产生运动阻尼从而使参与者感受到作用力的方向和大小。触觉反馈主要是基于视觉、气压感、振动触感、电子触感和神经、肌肉模拟等方法来实现的。

确保参与者在虚拟环境中获取视觉、听觉、力觉和触觉等感知的关键技术，是虚物实化的主要研究内容。

3. 高性能计算处理

高性能计算处理主要包括服务于实物虚化和虚物实化的数据转换和数据预处理技术；实时、逼真图形图像生成与显示技术；多种声音的合成与声音空间化技术；多维信息数据的融合、数据压缩以及数据库的生成；包括命令识别、语音识别，以及手势和人的面部表情信息的检测等在内的模式识别；分布式与并行计算，以及高速、大规模的远程网络等技术。

> 思政提示：
> 实物虚化、虚物实化体现了事物的两重性，两者对立统一。

1.3.3　建模技术、三维场景交互技术和系统集成技术

从图 1-12 中可见，VR 主要技术基础主要分为 3 块：建模技术、三维场景交互技术和系统集成技术。

1. 建模技术

随着 VR 技术的快速发展，三维建模技术在其中发挥着重要的作用，它是 VR 技术的核心。一旦模型建立起来，即可称作一个系统的建立。系统能够拥有一个物体或多个群体，由此可以构成系统的模型。也就是说，系统模型以一种或多种方式存在。建模最初要完成的步骤，是给系统拟定一个标准，虚拟世界里存在众多的对象物体，相对层次较为繁杂，因而必须包括其涉及的全部对象。

1）几何建模（Geometric Modeling）

模型的构建首先要建立对象物体的几何模型，确定空间位置和几何元素的属性。例如，通过 CAD/CAM 或二维图纸构建产品或建筑的三维几何模型；通过 GPS 数据和卫星、遥感或航拍照片构造大型虚拟战场。

几何建模技术：空间位置和几何元素的属性。

发展过程：从线框模型到面元模型及实体建模，经历了一个迅速发展的过程。

建模软件：3DS Max；AutoCAD 等。

建立详细的三维几何模型的要求是来自计算机辅助设计（Computer Aided Design, CAD）、计算机图形学和其他领域。几何建模是活跃的科学和工业研究领域，已经可以得到大量的商业建模系统。

尽管有丰富的建模工具，但建模任务依然繁重。因为建模缓慢；用户接口不方便，不灵活；模型规定在低层次。

这些困难的表现是多数实验室和商业动画公司宁愿使用自制建模工具，或者在某些情况下自制建模工具与市场销售建模工具的混合。

VR 的几何建模一般通过基于 PC 或工作站的 CAD 工具获取。在北卡罗来纳州立大学漫游建筑的项目中，AutoCAD 用于产生构成一座教堂几何模型的 12 000 个多边形。

三维扫描仪（3D Scanner）又称三维数字化仪（3D Digitizer）。它是当前使用的对实际物体三维建模的重要工具。它能方便快速地将真实世界的立体彩色信息转换为计算机能直接处理的数字信号，为实物数字化提供了有效的手段。它与传统的平面扫描仪、摄像机、图形采集卡相比有很大不同，具体如下。

（1）三维扫描仪的扫描对象不是平面图案，而是立体的实物。

（2）通过扫描，人们可以获得物体表面每个采样点的三维空间坐标，通过彩色扫描还可以获得每个采样点的色彩。某些扫描设备甚至可以获得物体内部的结构数据。而摄像机只能拍摄物体的某一个侧面，且会丢失大量的深度信息。

（3）三维扫描仪输出的不是二维图像，而是包含物体表面每个采样点的三维空间坐标和色彩的数字模型文件。该模型文件可以直接用于 CAD 或三维动画。

（4）彩色扫描仪还可以输出物体表面的色彩纹理贴图。

三维信息获取原理：单目视觉法、立体视觉法、从轮廓恢复形状法、从运动恢复形状法、结构光法、编码光法等。其中结构光法、编码光法成为目前多数三维扫描设备的基础。

这些方法可以分为被动式和主动式两大类。被动式法的代表是立体视觉法；主动式法的代表是结构光法、编码光法。

注意：几何建模可详见 3.5 节。

2）物理行为建模

物理行为建模包括物理建模（Physical Modeling）和行为建模（Object Behavior Modeling）两大部分。物理行为建模的主要作用是使虚拟世界中的物体具备和现实世界类似的物理特征（物理建模），并且使其运动方式遵循客观的物理规律（行为建模）。

（1）物理建模。

物理建模是对虚拟环境中的物体的质量、惯性、表面纹理（光滑或粗糙）、硬度、变形模式（弹性或可塑性）等物体属性特征的建模。较之几何建模，物理建模属于 VR 系统中的较高层次。在此过程中需要结合计算机图形技术和物理学知识，尤其需要关注力反馈方面的问题。

较为经典的物理建模技术主要有分形技术和粒子系统。

①分形技术：用来表示具有自相似特征的数据集。一些复杂的不规则形状对象的建模可以运用自相似这种结构。该技术最早应用于山川及水流的地理特性建模。分形技术虽然具有操作简单的优点，但是计算量过大，技术实时性也随即降低，所以只适用于静态远景的建模中。

②粒子系统：属于经典的物理建模系统。通过简单的操作即可完成复杂运动的建模，由此构成了粒子系统。在 VR 中，粒子系统可以表示焰火、流水、风雪、大雨、瀑布等自然现象。其主要用于动态的、运动的物体建模。

（2）行为建模。

几何建模与物理建模相结合，仅仅可以局部呈现出视觉上感受真实的画面特点，而若要建造一个逼真的虚拟环境世界，则还需要进行行为建模。

对象的运动与行为描述均可以通过行为建模的方式来设计操作。行为建模能够准确贴切地描述 VR 的特点，如果没有行为模型的实效支撑，那么任何 VR 的构建均不会存在实际意义。

在构造模型时，不但要设计实现模型外观等表现特性，同时更要关联实现模型物理特性，进而符合真实存在的行为习惯和应激的能力。

如果说几何建模技术主要是计算机图形学领域的研究发展所得，那么物理建模和行为建模就是多学科领域交叉的研究产物。必须结合多个领域的研究技术成果，才能够建立优质且高端完善的行为模型。

3）基于图像的建模技术

（1）基于图形的建模技术的不足：耗费物力、财力和时间，且效果不逼真。

（2）基于现场图像的 VR 景物建模：用摄像机等对景物拍摄完毕后，自动获得所拍摄环境或物体的二维增强表示或三维模型，即基于现场图像的 VR 景物建模。

拍摄建模是目前最方便的建模方式，这种方式是指通过相机等设备对物体进行采集照片，经过计算机进行图形图像处理以及三维计算，从而全自动生成被拍摄物体的三维模型。通常物体模型的精度取决于图像精度。一般来说，与所拍摄对象的距离越近，照片分辨率越高，照片质量越好，电荷耦合器件（Charge Coupled Device，CCD）的幅面也就越大，所以获取到的三维效果会更好。为了达到预定的影像精度，必须使用准确的焦距及拍摄距离来采集图像。为了保证模型的顺利生成，必须要保证足够的重叠率，但重叠率不宜太高，若太高则会造成后续的模型计算缓慢或内存过大，从而导致建模计算失败。重叠率也不宜过低，过低会导致模型的计算出现孔洞或因照片重叠率不够直接无法建模。必须保证被拍摄对象的每一个点至少在相邻 2 张照片里都能找到。

还有全景拍摄。全景拍摄是指对被拍摄对象进行 720 度环绕拍摄，最后将所有拍摄得到的图片拼成一张全景图片，从而完成对被拍摄对象的建模任务。720 度全景指超过人眼正常视角的图像，水平 360 度和垂直 360 度环视的效果，照片都是平面的，通过软件处理之后得到三维立体空间的 360 度全景图像，给人以三维立体的空间感觉。

（3）应用前景：基于图像的建模技术虽然只是对现实世界模型数据的一个采集，而不是给设计者一个自由想象发挥的空间，但它有广泛的应用前景，具体如下。

①对于那些难于用 CAD 方法建立真实感模型的自然环境。

②需要真实重现环境原有风貌的应用。

③可应用于建筑展示、飞行模拟、虚拟购物、虚拟博物馆和艺术陈列馆等应用领域，以及视频图像压缩和视频图像的浏览和检索等。

（4）大型工业用途：获取三维模型信息的还有大型三维扫描成型技术，它是指用庞大的三维扫描仪来获取实物的三维信息，其优点是准确性高，但对于普通用户来说又遥不可及。正因为这样，如何利用一定数量的照片来获得三维数据模型，成为计算机图形学领域中关键的问题。国外具有这样功能的软件也有很多，如 MetaCreations、Canoma、Geometra、MetaFlash、3D Sculptor 等。

2. 三维场景交互技术

VR 的三维场景交互技术包括空间跟踪技术、声音跟踪技术、视觉跟踪与视点感应技术、立体显示技术、三维立体声技术、力觉和触觉感知技术，具体可详见第 2 章。

3. 系统集成技术

VR 技术是在众多相关技术的基础上发展起来的一种综合技术，而不是相关技术的简单组合，它需要将所有的组成部分作为一个整体，去追求系统整体的最优性能。VR 系统最终集成是必然的。它包含了大量表达信息的模型，必须根据设计意图进行合理组合。信息同步技术、模型校定技术、数据转换技术、数据管理模型、识别与合同技术的研究是系统集成技术发展的基础。

总之，VR 是多种技术学科的集成，除了以上提到的技术问题，还包括社会、法律、伦理等越来越多相关方面的学科。

1.3.4 虚拟现实的开发流程

如图 1-13 所示为虚拟现实的基本开发步骤，即流程。

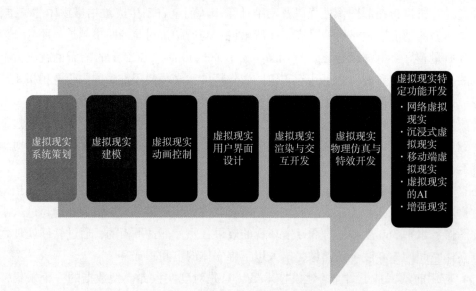

图 1-13　虚拟现实的基本开发步骤

第一步：虚拟现实系统策划。

虚拟现实系统策划即虚拟现实内容设计，其包括"虚拟现实内容设计的目标"和"虚拟现实内容设计的原则"。

（1）虚拟现实内容设计的目标。

①通过构建一个虚拟的世界，使用户完全沉浸在这个虚拟世界中，用户有"真实"的体验，难以分辨真假。为了达到这一目标，虚拟现实系统就必须具有多感知的能力，理想的虚拟现实系统应具备人类所具有的一切感知能力，包括视觉、听觉、触觉，甚至味觉和嗅觉。

②另外，虚拟现实系统要提供基于自然技能的人机交互手段。这些手段使参与者能够对虚拟环境进行实时操纵，能从虚拟环境中得到反馈信息，也便于系统了解使用参与者的关键部位的位置、状态志等各种系统需要获取的数据。同时应高度重视实时性，人机交互时如果存在较大的延迟，与人的心理经验不一致，就谈不上以自然技能进行交互，也很难获得沉浸感。为达到实时性的目标，高速计算和处理必不可少。

（2）虚拟现实内容设计的原则。

①目的性。目的性即开发的内容是面向用户的内容设计还是面向体验的内容设计，如果是面向用户的内容设计，那么就应该明确开发的内容服务的用户群体，以用户为中心，根据用户的潜在需要进行内容上的设计。如果是面向体验的内容设计，那么就应该先想好开发的内容及希望给用户带来的体验，然后进行详细设计。

②舒适性。

③创造性。在开发虚拟现实应用时，不应该直接在虚拟世界中复制现实环境。用户更期望能在虚拟世界中体验更加炫彩斑斓且充满想象力的世界。

④想象性。由于虚拟现实系统中仍然缺乏完整的触觉反馈系统，声音是用户触碰物体时提供反馈的好方法，可以通过想象判断出声音是来自上方、下方或是后方。

⑤可靠性。如何提高虚拟现实应用的可靠性，解脱和排除故障能力，是虚拟现实内容设计的重要考虑因素。

⑥健壮性。健壮性即鲁棒性，虚拟现实系统应能够合理地处理用户不合规范的输入。

第二步：虚拟现实建模。

第三步：虚拟现实动画控制。

例如，用户可以根据语音库实现 AR/VR 的动画控制，使用语音指令控制游戏角色的移动和反应等。

第四步：虚拟现实用户界面设计。

第五步：虚拟现实渲染与交互开发。

第六步：虚拟现实物理仿真与特效开发。

第七步：虚拟现实特定功能开发。

虚拟现实特定功能开发有网络虚拟现实、沉浸式虚拟现实、移动端虚拟现实、虚拟现实的 AI、增强现实等。

虚拟现实的发展历史、 演变与未来

本节将介绍 VR 的发展历史与演变等内容。

1.4.1 虚拟现实的发展历史与演变

1. 虚拟现实的兴起

从 20 世纪 60 年代至 "VR 元年"，VR 经历了三次热潮；从 2021 年（"元宇宙" 元年）至今，VR 正处于第四次热潮。

第一次热潮发生在 20 世纪 60 年代，科学家们进行了蕴涵 VR 思想和产品光学构造的工作。1960 年，摄影师莫顿·海利希（Morton Heilig）提交了一款 VR 设备的专利申请文件，文件上的描述是 "用于个人使用的立体电视设备"。这款设计与现在的 Oculus Rift、Google Cardboard 有着很多相似之处。1967 年，海利希又构造了一个多感知仿环境的虚拟现实系统 Sensorama Simulator，这也是历史上第一套 VR 系统，它能够提供真实的 3D 体验。例如，用户在观看摩托车行驶的画面时，不仅能看到立体、彩色、变化的街道画面，还能听到机车轰鸣声，感受到行车的颠簸、迎面而来的风，甚至还能闻到花的芳香。1968 年，美国计算机图形学之父伊凡·苏泽兰（Ivan Sutherland）在哈佛大学组织开发了第一个计算机图形驱动的头盔显示器及头部位置跟踪系统，这是 VR 发展史上一个重要的里程碑。进入 20 世纪 80 年代，VR 相关技术在飞行、航天等领域得到比较广泛的应用。

第二次热潮发生在 20 世纪 90 年代，这是一次如火如荼的商业化热潮，但最终没能获得成功。1989 年，美国人杰伦·拉尼尔于（Jaron Lanier）首次提出 VR 的概念，被称为 "虚拟现实之父"。1991 年，一款名为 "Virtuality 1000CS" 的设备出现在消费市场中，但它笨重的外形、单一的功能和昂贵的价格并未得到消费者的认可，只是掀起了一个 VR 商业化的浪潮，世嘉（SEGA）、索尼（SONY）、任天堂（Nintendo）等都陆续推出了自己的 VR 游戏机产品。但这一轮商业化热潮，由于光学、计算机、图形、数据等领域技术尚处于高速发展早期，产业链也不完备，所以并未得到消费者的积极响应。但此后，企业的 VR 商业化尝试一直没有停止。

第三次热潮发生在 2014 年，Facebook 花费 20 亿美元收购了 Oculus，VR 商业化进程在全球范围内得到加速。2014 年 3 月 26 日，Oculus VR 被 Facebook 以 20 亿美元收购，再次引爆全球 VR 市场；三星（SAMSUNG）、HTC、SONY、雷蛇（Razer）、佳能（Canon）等科技巨头组团加入，都让人们看到了 VR 行业正在蓬勃发展。国内已经出现数百家 VR 领域创业公司，覆盖全产业链环节，如交互、摄像、现实设备、游戏、视频等；呈现出重点高校实验室和 VR 技术相关科技公司共同合作研究的态势，如北京航空航天大学虚拟现实国家重点实验室与 HTC 公司的合作，在国内最早进行 VR 研究，并取得了领先的成就；HTC 威爱教育（VIV-EDU）公司于 2016 年 8 月推出全球第一套 VR 教室，2017 年，该公司联合重点实验室、北京航空航天大学开办了首个虚拟现实硕士专业；2017 年，暴风科技登陆创业板，成为 "虚拟现实第一股"，吸引更多创业者和投资者进入 VR 领域；2016 年被称为 "VR 元年"，此后便是降温。

第四次热潮时间为 2021 年至今，在"元宇宙"概念带动下，VR 再次获得高增长。在国内，C（Consumer）端消费需求增长更明显。互联网数据中心（Internet Data Center，IDC）报告显示，2021 年，全球 AR/VR 头盔显示器（简称头显）出货量达 1 123 万台，同比增长 92.1%。其中 VR 头显 1 095 万台，销量破千万。

IDC 发布的《全球 AR/VR 头显市场季度跟踪报告，2021 年第四季度》显示，Meta（原名为 Facebook）旗下的 Oculus 出货量份额达 78%，是全球出货量第一的 VR 厂商。其次是大朋 VR，占有 5.1% 的市场份额。字节旗下的 PICO 的市场份额为 4.5%，出货量全球排名第三。另外，市场份额第四和第五名分别是 HTC 和奇遇 VR。

VR/AR 在 2021 年出现了一波高速增长，这从 VR/AR 领域新发职位的增长速度上可窥一二。猎聘大数据研究院给经济观察报提供的数据显示，2021 年第一季度，VR/AR 领域新发职位同比增长 54.59%，2021 年第二季度继续保持增长，同比增速为 16.29%。

2022 年 7 月 15 日，《仙剑奇侠传 | VR 版》在 35 个城市的沉浸世界 VR 线下体验店上线这也意味着 VR 的需求还在持续扩展。2022 年 6 月，大朋 VR 再获得数千万元融资，2015—2022 年已经累计获 10 次融资。VR 线下娱乐体验公司沉浸世界宣布，已完成数千万元 A1、A2 轮融资。

2014 年，Facebook 收购 Oculus 时，Meta 首席执行官、Facebook 创始人马克·扎克伯格（Mark Zuckerberg）认为，移动是现在的平台，Oculus VR 代表的是未来的平台，它可能会改变未来人们工作、娱乐和交流的方式。

2. 虚拟现实的发展历史与演变

具体来说，VR 的发展历史与演变如下。

1）前期探索（1967 年以前）

1956 年，海利希发明"全传感仿真器"。

1965 年，苏·泽兰提出了"终极显示"的概念。

1966 年，苏·泽兰给使用者戴上 CRT 显示器；

2）萌芽与诞生（1967 年—20 世纪 80 年代末）

1967 年，海利希又构造了一个多感知仿环境的虚拟现实系统 Sensorama Simulator，被称为历史上第一套 VR 系统。

1968 年，图形学之父苏·泽兰在哈佛大学组织开发了头盔显示器及头部位置跟踪系统，是 VR 发展史上一个重要的里程碑。

1973 年，埃文斯（Evans）和苏·泽兰成功研制出早期图形场景生成器。

1985 年后，斯科特·费雪（Scott Fisher）把新型的传感手套集成到仿真器中。

1989 年，美国人杰伦·拉尼尔于首次提出 VR 的概念，被称为"虚拟现实之父"。

3）军事与航天的推动（20 世纪 70 年代—80 年代）

20 世纪 70 年代和 80 年代早期，美国军方开展"飞行头盔"和军事现代仿真器的研究。

1981 年，美国航空航天局（National Aeronautics and Space Administration，NASA）的科学家们生成了一个基于液晶显示器的头盔显示器原型，命名为"虚拟现实环境显示器——VIVED"。

1983 年，DARPA 和美国陆军共同为坦克编队作战训练开发了一个实用的虚拟战场系统

SIMNET。

4）渐入民间——游戏、娱乐、模拟应用的刺激（20世纪90年代）

20世纪90年代，3D游戏、主题公园、游乐场、三维场景漫游/三维产品展示、飞行、航海、医学等的模拟训练渐入民间。

20世纪90年代，日本任天堂大战美国的雅达利（Atari），任天堂大张旗鼓推出70万台Virtual Boy以掌控雷电，而Virtual Boy就是现代虚拟现实的第一代产品。

1996年10月，第一届虚拟现实技术博览会在伦敦开幕。

1996年12月，第一个虚拟现实环球网在英国投入运行。

5）VR在Internet上的兴衰（20世纪90年代末—21世纪）

1994年3月，在日内瓦召开的第一届国际万维网（World Wide Web，WWW）大会，就提出了虚拟现实建模语言（Virtual Reality Modeling Language，VRML）这个名字。

2006—2008年，VR随着第二人生游戏（Second Life）的被报道而繁荣，国内外出现很多类似产品，但局面迟迟无法打开，大都破产或转型，因为技术问题（逼真度、沉浸感、网速），无法解决真正的"痛点"。

6）VR应用的大众化与多元化（21世纪）

世博会、春晚、文化创意产业、3D电影；人机交互、增强现实。

2012年，Oculus Rift在众筹网站Kickstarter惊艳亮相，开启民用设备浪潮，如图1-14所示。

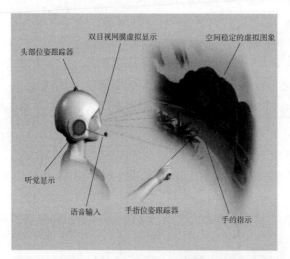

图 1-14　头盔当初是虚拟现实的第一选择

7）头盔及沉浸式虚拟现实的重生（2013—2014年）

2013年4月，Oculus Rift头盔被推出。

2014年3月，索尼公司公布了Morpheus头盔计划。

2016年初，HTC Vive发布。

2014年7月，谷歌公司推出Google Cardboard。

2014年12月，三星发布Gear VR。

国内出现了大量同类品：暴风魔镜、3Glasses、蚁视、印象派、大朋等。

2012 年 4 月—2015 年 1 月谷歌公司推出 Google Glass（谷歌智能眼镜）。

2015 年 1 月，微软推出 HoloLens（混合现实头戴式显示器）。

8）热炒、布局、试探、混沌（2015—2020 年）

热炒：创业公司大量涌现，风投青睐，在过去的两年中，VR/AR 领域共进行了 225 笔风险投资交易，总额为 35 亿美元，行业预期乐观。

布局：科技巨头大举切入 VR 领域，纷纷对这个新领域展开布局，如 Facebook、谷歌、微软、苹果、HTC、NVIDIA、亚马逊、腾讯、阿里巴巴、小米、乐视、暴风、惠普、诺基亚、华为等。

我国政府涉及 VR 的措施有，工信部印发《信息通信行业发展规划（2016—2020 年）》；文化部印发《关于推动数字文化产业创新发展的指导意见》。

试探：谷歌的试探有 Google Cardboard，拍摄了 4 部全景电影，开发全景摄影机 Jump、Google Glass，投资增强现实公司 Magic Leap，推出 Daydream VR 平台、Google Tango 计划。

混沌：VR 关键技术上还有很多瓶颈，用户群体还需培养，主流盈利点尚不明朗，产业标准还未形成。

在此期间如下大的事件：

2014 年 3 月 26 日，Oculus VR 被 Facebook（现在的 Meta 公司）以 20 亿美元收购，再次引爆全球 VR 市场；2016 年，微软推出 Hololens 和 Windows MR，索尼推出了 PSVR，AR 和 VR 概念齐头并进，还有 HTC Vive 等，国内也有创业板 55 个涨停板被称为"妖股"的暴风科技，也主打 VR 概念；2015 年至 2020 年 国内 VR 公司也迎来投资热潮，2016 年被称为"VR 元年"，此后便是降温。

9）现阶段

VR 行业从爆火到冷静已有 7 年，2021 年在"元宇宙"概念带动下 VR 再次受到人们的很大关注。

从 2022 年 11 月，美国人工智能公司 OpenAI 推出 GPT-3.5 到 2023 年 3 月推出 GPT-4，这给 VR 领域带来巨大的冲击。

2023 年 4 月，美国 AR 眼镜开发商和零售商 Innovative Eyewear 宣布，其 AR 眼镜产品支持 ChatGPT 语音交互。它以基于一款名为"Lucyd"的手机应用，为 AR 眼镜用户提供 ChatGPT 语音服务，从而使智能可穿戴设备不再是纸上谈兵，AR 眼镜取代智能手机，将不再是梦想。

2023 年 6 月，苹果推出全球首款空间计算设备：苹果 AR 眼镜 Vision Pro。

1.4.2　元宇宙、GPT 与 VR 未来

何为元宇宙、GPT 与 VR 未来呢？本小节将进行详细介绍。

1. 元宇宙及其产生缘由

元宇宙（Metaverse）是利用科技手段进行链接与创造的，与现实世界映射与交互的虚拟世界，具备新型社会体系的数字生活空间。其 VR 和 AR 技术将虚拟世界与真实世界相融合，使人类社会生活发生深刻变化，是当今人们研究和应用的一个"热点"。

从 2021 年元宇宙概念第一股在美国纽约证券交易所正式上市以来，"元宇宙"的名字和各大企业在元宇宙领域的布局便出现在了科技圈和大众视野中。2021 年 10 月 28 日，Facebook 创始人扎克伯格表示将 Facebook 的公司名称更改为 Meta。随后 2021 年 11 月，微软在 Ignite 会议上宣布将推出新的 Mesh for Microsoft Teams 软件，该软件上线后，不同地理位置的人可获得协作和共享全息体验，实现加入虚拟会议、发送聊天、协作处理共享文档等更多功能。实际上，"元宇宙"的本质就是互联网触感拓展，其让用户从简单的视、听触感拓展到触、嗅等多方面的交互体验，糅合了 VR/AR、云计算、5G 通信等技术的多触感虚拟应用场景。

元宇宙产生缘由：首先，从市场角度思考，全球经济增长乏力，如果能出现一个新的巨大市场，可以让资本持续增殖，那么"元宇宙"真的是很完美。其次，"元宇宙"火爆的一个重要原因是 Facebook（Meta）如前所述的推波助澜。再次，如果 VR 或 AR 以及全息投影等"元宇宙"的表现形式想要获取足够的用户在线时长，那么就要具备和智能手机、计算机相似的功能和体验，让用户在"元宇宙"的场景中可以真正方便地娱乐、学习、工作，到这个阶段才会真正的崛起。最后，因为"元宇宙"更多是在一个三维立体的虚拟场景中进行交互，需要大量的动画、模型场景、实时计算、视频流等数据实时传输和反馈，对于网络带宽要求十分高，而对于这一点，5G、云计算等技术的推广基本满足。

2. 元宇宙、GPT 与 VR 展望

1）元宇宙与 VR 展望

在过去，最常提到 VR 的落地场景通常都只是游戏、娱乐及影音，但科技巨头 Meta 宣布将其旗下 VR 应用 Venues 并入社交平台 Horizon Worlds，这意味着用户将能在 Horizon Worlds 中参与现场体育赛事、音乐会、聚会等现场活动。而 Horizon Worlds 作为 Meta 的元宇宙平台，还将整合更多的应用与功能，成为一个"多元化"平台。

另外，自"元宇宙元年"（2021 年）以来，在元宇宙、NFT（数字藏品）等相关概念被越来越多的人所了解的同时，许多公司（特别是科技企业）与资本的注意力更多地是放在与 VR、AR 配套的硬件开发这个重点上。值得注意的是，Google Glass 能在对话过程中将会话转录并翻译成用户需要的文本，谷歌 AI 掌门人将其形容为"给世界加上字幕"。扎克伯格亦宣布研发电子触觉皮肤 ReSkin，电子皮肤与 VR 和 AR 技术结合能创造更为有机的交互式体验，从而帮助用户更容易地操纵 VR 技术。电子皮肤嵌入假肢设备，也会助推软机器人技术的进展。如果此项技术能真的实现，并且实现工业化应用，那么许多残疾人都可以通过更加简单、自然的操作方式体验"虚拟世界"，进入互联网的"元宇宙"。根据公开信息得知，元宇宙和埃隆·马斯克（Elon Musk）推动的"脑机接口"领域更接近，也就是通过某种方式，人类的大脑可以和计算机进行互动，对于网游爱好者很有吸引力。

因此，科技企业高通总裁克里斯蒂亚诺·阿蒙（Cristiano Amon）曾经在采访中表示，元宇宙并不虚幻，将会发展出许多不同机会。元宇宙不仅仅是一个可以有沉浸式体验的虚拟世界，更是一个能将现实世界中的生产方式、交换方式、社会结构甚至是文化结构都可以转移到其中的生态系统，拥有无限的潜力。

中国也在积极进行元宇宙的研发和规范。2022 年 5 月，中国计算机行业协会元宇宙产业专委会正式成立，会上表示要尽快启动元宇宙行业发展规划，制定行业标准规范引领行业的发展。

2）GPT 及其带来的（包括 VR）的变化

人工智能（Artificial Intelligence, AI）由于 ChatGPT（Chat Generative Pre-trained Transformer）的出现而大放异彩！

从 2018 年 6 月 GPT-1 的诞生到 OpenAI 于 2020 年 6 月推出 GPT-3，人们用了约 2 年的时间，参数量从 1.17 亿提高到 1 750 亿，模型系统的能力从能够理解上下文提升到几乎可以完成自然语言处理的绝大部分任务，甚至可以预测。从 2020 年 6 月 OpenAI 推出 GPT-3 到 2022 年 11 月推出 GPT-3.5 支持的通用聊天机器人原型 ChatGPT，人们用了近两年半的时间，模型系统的能力已经能够自如聊天，回答一连串的问题，承认自己的错误，质疑不正确的假设，甚至能完成撰写邮件、视频脚本、文案、代码、翻译、写论文等任务和拒绝不合理的需求。ChatGPT 仅推出 60 多天，其月活破亿，自诞生起就震动整个业界，甚至连微软联合创始人比尔·盖茨都将 ChatGPT 与计算机和互联网的诞生相提并论。

从 2022 年 11 月，OpenAI 推出 GPT-3.5 到 2023 年 3 月推出 GPT-4，相隔 105 天，模型系统的能力已经能够在美国的模拟律师资格考试中获得前 10% 的成绩，并且顺利地在美国高中毕业生学术能力水平考试（SAT）中拿到了进入哈佛大学的成绩。OpenAI 官方表示，GPT-4 是多模态的，同时支持文本和图像输入功能，且比前代 GPT-3.5 更可靠、更有创意，并且能够处理更细微的指令，在专业和学术方面而也表现出了近似于人类的水平。据说 GPT-5 将可看完人类网络上所有的视频（大约 2 000 PB），可以瞬间标记出所有它看过的视频中的声光信息，并且可准确到每一秒。有专家称，GPT-5 的智商也许接近天才级别。照这样的演进速度，GPT-N 将会发生什么变化？人们对于人工智能具有的能力以后可能超越人类不会有太大的疑问。

GPT 本质上是最新一代的"发动机"，将会成为驱动全社会的力量。例如，GPT-4 首先使 Adobe 融合 GPT 进化成功，加入生成式 AI 大军，功能之丰富令人惊叹（Photoshop、Adobe 全家桶和 Office 三套件、Blender、3DS MAX 等都融合了 GPT）。融入 GPT 的还有工业制图软件（这是完全重复的劳动）、游戏引擎（虚幻引擎和 Unity 引擎）、集成开发环境（微软的 Visual Studio Code、Android Studio）、3A 游戏里的非玩家角色（Non-person Character，NPC）。

我们应该特别注意 GPT 带来的 VR 变化。进化版的 GPT-4 会为 VR 领域带来哪些变化呢？此前，ChatGPT 带来的爆炸式 AI 增长就已经对元宇宙世界产生了巨大的影响。虚拟世界的景观、物体和建筑必须充满丰富的细节，AI 可以使用提示来构建这些环境，这比人类用手做要快得多。因此，无须设计或建筑背景，AI 用户就能够创建虚拟 3D 环境：首先是房间，然后是建筑物，最后是整个世界。此外，元宇宙世界也将充满虚拟人物，就像视频游戏中充满 NPC 一样。只不过，NPC 都是有预设脚本的，但 AI 角色将能够有机地回应用户，就像 ChatGPT 对提问所回答的那样。GPT-4 最令人兴奋的功能之一就是它的 AI 视频功能。此功能允许模型通过基于文本输入，生成动画来创建高度逼真的视频。该模型结合使用自然语言处理和计算机视觉来创建这些视频，使它们栩栩如生。GPT-4 的高级功能可以通过创建更逼真和身临其境的环境来增强虚拟和现实体验。

人工智能时代以 GPT 为代表的冲击波已到来，包括高等教育（不仅是数字媒体的 VR）在内的各行各业应做好准备。

3. 元宇宙、GPT 的优缺点与 VR 的不足

不过，"元宇宙"是一把"双刃剑"，从理性上看，这是打开"潘多拉魔盒"的再次尝试，本身是为了缓解现实世界的经济滞缓，但是可能会让一部分人进入另一个内卷场景。人们并不希望未来的世界真的就像科幻小说《时间移民》中描述的一个场景：一群现代的人类冷冻到 1000 年后的世界，这时的世界被称为无形世界——就是一台超级计算机的内存，每个人是内存中的一个软件，他们在虚拟的世界中享受无所不能的幻想满足，然后在数百年后内存条慢慢老化、电源不足，他们也就消失在时间的长河中了，一万年后没有留下一点痕迹。毕竟，我们人类的未来应该是星辰大海，而不是在虚拟世界中继续内卷，而且，如果深度地发展"元宇宙"，电影《终结者》中的超级人工智能——"天网"可能真的会出现，人类也就提前走向了错误的终点。

GPT 亦有一些不足（例如纠正其有误的回答，可能多次都教不会），其也是一把"双刃剑"，担心隐私的暴露，具有的超智能甚至危及人类自身安全。2023 年 4 月初，马斯克等上千人联名呼吁"所有人工智能实验室应立即暂停训练比 GPT-4 更强大的大语言模型，这一时间至少为 6 个月"。尽管 AI 已经证明有能力为人类社会带来诸多好处，但技术总是一把"双刃剑"，也会为人类社会带来真正的风险，AI 也不例外。人们正努力确保在各个层面上将安全纳入人工智能系统。

> 思政提示：
>
> 矛盾的两个方面，在一定的条件下会向相反方面转化，从而改变事物的性质。因此，要掌握一定的"度"，让元宇宙及其 VR 的矛盾主要方面为人类服务。

VR 技术肯定会持续发展，最终深入我们每个人身边，但是希望能受到社会的密切管控，一定不能让这项技术的应用影响了现实世界更重要的目标。

VR 已经向着可穿戴化（配上 ChatGPT 的 AR 眼镜）、3R 融合（VR+AR+MR）发展，正在解决 VR 设备价格昂贵的问题（VR 与 GPT 融合不失为解决此问题的办法之一）。随着 VR 技术的进一步发展，其会进一步走向实用化、平民化道路。

虚拟信息世界与现实世界必将进一步融合。

 习 题

一、判断题（正确的打"√"，错误的打"×"）

1. 实物虚化、虚物实化和高性能计算处理技术是 VR 技术的 3 个主要方面。（　　）

2. VR 技术的核心问题是实时生成高度真实、复杂的虚拟环境的立体视图。（　　）

二、填空题

1. 虚拟世界大概分为_____和_____两种世界。

2. 本章介绍的 VR 的产业应用，包括：_____，_____，_____，_____，_____，_____，_____。

3. _____首次提出 VR 的概念，被称为"虚拟现实之父"。

4. VR 的功能要求包括：_____，_____，_____。

三、多选题

1. 以下属于 VR 的特点的有（　　）。

A. 浸沉感　　　　　B. 交互性　　　　　C. 构想性　　　　　D. 灵活

2. 以下属于 VR 系统的模式的有（　　）。

A. 桌面式 VR　　　　　　　　　　B. 沉浸式 VR

C. 增强式 VR　　　　　　　　　　D. 分布式 VR

四、简答题

1. 何为 VR？

2. 简述感知和追踪设备的分类以及例子。

3. VR 与哪些学科相关？

4. 简述 VR 与三维动画的区别。

5. 简述 VR 与计算机仿真系统的区别。

6. 简述 VR 的概念性体系结构及功能。

7. 简述 VR 的技术构架。

8. 简述 VR 的建模技术、三维场景交互技术和系统集成技术。

9. 何为 VR 的 4 次热潮？

10. 何为元宇宙、GPT 与 VR 未来？

第2章 虚拟现实的接口设备

本章学习目标

知识目标：了解立体视觉原理；视觉显示设备、听觉感知设备、触觉感知设备和力觉感知设备，以及动作跟踪、声音跟踪和意念交互等，以便学生具有虚拟现实的设备基础，运用虚拟现实的接口设备感知虚拟世界。

能力目标：使用和体会感知与跟踪设备结合案例与平台——HTC 虚拟现实系统解决方案，首款空间计算设备——苹果 AR 眼镜 Vision Pro 或配上 ChatGPT 的 AR 眼镜。

思政目标：从感知等设备让学生了解物质和意识的辩证关系。物质决定意识，物质是第一性的，意识是第二性的；意识反作用于物质。

2.1 立体视觉原理

本节将介绍有关立体视觉和成像原理等基础知识。

人的两眼大约有 6.5 cm 的瞳距，对同一场景，两眼得到的图像略有差别，大脑对这两幅图像中的细节进行解释使我们有距离和深度的感觉。

如图 2-1 所示，可以推算出深度 z 的计算公式（字母含义如图所示）：

$$z = D \cdot S/(x_l - x_r)$$

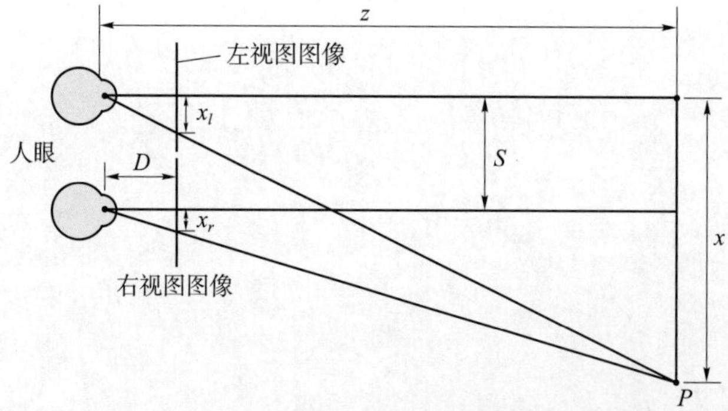

图 2-1 计算深度示意

如图 2-2 所示，物体与眼的距离不同，两眼的视角会有所不同，所看到的影像也会有一些差异，大脑将这两幅具有视差的图像合成后形成立体的感觉。

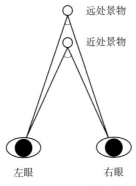

图 2-2　双目立体视觉图

三维立体图像就是利用这个原理，在水平方向生成一系列重复的图案，当这些图案在两只眼中重合时，就看到了立体的影像。如图 2-3 所示是一幅简单的立体图像。图像中最上面一行圆最远，最下面一行圆最近。

注意：最上面一行圆之间的距离最大，最下面一行圆之间的距离最小。

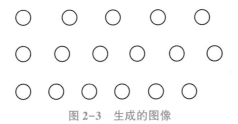

图 2-3　生成的图像

这是怎么发生的呢？让我们再看图 2-4，从图中可以看到，重复图案的距离决定了立体影像的远近，生成的三维立体图像就是根据这个原理，依据三维影像的远近，生成不同距离的重复图案。

1. 视场

（1）眼睛的视场约为水平±100°，垂直±60°，而水平的双目重叠视场为 120°。

（2）目前的实际全景显示设备可能产生水平 100°、垂直 30°的视场，这已经有强的沉浸感了。

2. 视觉暂留现象

视觉暂留是视网膜的电化学现象造成视觉的反应时间。当观看很短的光脉冲时，视杆细胞的峰值会持续约 0.25 s，视锥细胞的峰值持续约 0.02 s，这种现象会造成视觉暂留。也就是说，人类能够将看到的影像暂时保存，在影像消失之后，之前的影像还会暂时停留在眼前。这就是会动的卡通的基本原理。如图 2-5 所示，因为前一幅小鸟的影像会暂时保留在我们眼前，因此当卡片转到该小鸟的下面一幅甚至多幅图片时，连贯看起来就好像小鸟在飞。

电视画面重现的原理也是如此，荧光幕的影像其实是由每秒 30 个连续的独立画面所组

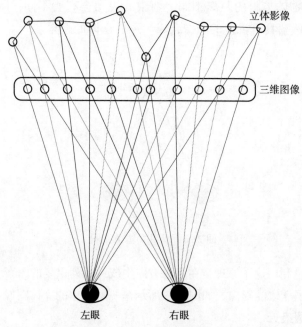

图 2-4　三维立体图像的生成原理

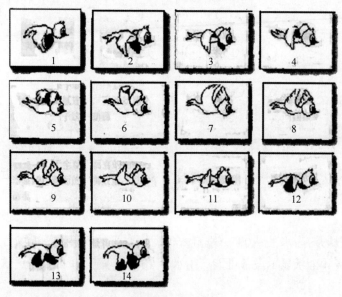

图 2-5　小鸟飞

成的，它们本来是一格格单独的画面，映像管不断地传送一个又一个的画面，而这一个个的画面，因为人类视觉暂留现象的缘故，看起来就好似连续移动的画面，这就是电视能将动作重现的原因。而视觉暂留就是当我们的眼睛看任何东西时，都会产生一种很短暂的记忆，把这些记忆连接在一起，就会看到动作，产生画面连续不断的错觉。视觉暂留是电影、电视、VR 显示的基础。

2.2 虚拟现实的感知设备

本节将介绍虚拟现实的感知设备的分类,以及相应的概述。

2.2.1 视觉显示设备

1. 头盔显示器(HMD)

头盔显示器(Head Mounted Display,HMD)是 3DVR 图像显示与观察设备,可单独与主机相连以接受来自主机的 3DVR 图形图像信号,借助空间跟踪定位器可进行虚拟现实输出效果观察,同时观察者可做空间上的自由移动,如自由行走、旋转等。头盔显示器的沉浸感极强,优于显示器的虚拟显示观察效果,逊于虚拟三维投影显示。在投影式虚拟现实系统中,头盔显示器作为系统功能和设备的一种补充和辅助,如图 2-6 所示。

图 2-6 头盔显示器

2. 双目全方位显示器(BOOM)

双目全方位显示器(Binocular Omni-Orientation Monitor,BOOM)是一种偶联头部的立体显示设备,类似望远镜。它把两个独立的显示器捆绑在一起,由两个相互垂直的机械臂支撑,这不仅让用户可以在半径 2 m 的球面空间内用手自由操纵显示器的位置,还能降低显示器的重量使其巧妙平衡,不受平台运动的影响。机械臂的每个节点处都有位置跟踪器,因此其和头盔显示器一样具有实时的观测和交互能力。

3. 3D 眼镜显示系统

3D 眼镜显示系统设备包括:立体图像显示器和 3D 眼镜。立体图像显示器以两倍于正常扫描的速度刷新屏幕,计算机给显示器交替发送两幅有轻微偏差的图像。位于阴极射线管(Cathode Ray Tube,CRT)显示器顶部的红外发射器与信号同步,以无线方式控制活动眼镜。红外控制器指导立体眼镜的液晶光栅交替地遮挡眼镜视野。大脑记录快速交替的左、右眼图像序列,并通过立体视觉将其融合,从而产生深度感。如图 2-7 所示为 3D 眼镜显示系统。

4. 洞穴式立体显示系统(CAVE 系统)

洞穴式立体显示系统是一种使用投影设备,投射多个投射面,形成房间式的空间结构,使围绕观察者具有多个图像画面显示的虚拟显示系统,其增强了沉浸感。如图 2-8 所示为洞穴式立体显示系统。

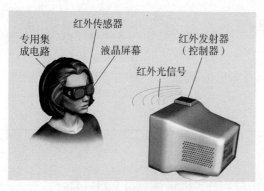

图 2-7　3D 眼镜显示系统

图 2-8　洞穴式立体显示系统

5. 响应工作台立体显示系统

计算机通过多传感器交互通道向用户提供视觉、听觉、触觉等多模态信息，具有非沉浸感，支持多用户协同工作佩戴立体眼镜，坐在显示器周围的多个用户可以同时在立体显示屏中看到三维对象浮在工作台上面，虚拟景象具有较强立体感。

6. 裸眼立体显示系统

现实技术结合双眼的视觉差和图片三维的原理，自动生成两幅图片，一幅给左眼看，另一幅给右眼看，使人的双眼产生视觉差异。双眼观看液晶屏的角度不同，不用带上立体眼镜就可以看到立体的图像。

裸眼 3D 显示器被广泛应用于广告、传媒、示范教学、展览展示以及影视等各个不同领域。区别于传统的双目 3D 显示技术，裸眼 3D 显示技术由于拥有其裸眼的独特特性，即不需要观众佩戴眼镜或头盔便可观赏 3D 效果，且其逼真的景深及立体感，极大地提高了观众在观看体验时的视觉冲击力和沉浸感，所以成为产品推广、公众宣传及影像播放的最佳显示产品。

目前，较流行的 4 种裸眼 3D 显示技术有：指向光源技术、柱状透镜技术、视差障壁技术和全息投影技术。

1）指向光源技术

指向光源技术主要是用两组 LED 显示屏配合快速反应的 LCD 面板和驱动，然后将反射出的不同视角的图像以排序的方式分别进入人体的左、右眼，这种不停互换的影像会产生视差，最终让人们形成 3D 的视觉效果。

2）柱状透镜技术

柱状透镜技术，就是在显示屏的前面再加一层拼接成的柱状透镜，使显示屏的成像通过柱状透镜的焦平面，把每个柱状透镜下面的图像像素分成几个子像素，然后透镜就以不同的方向投影每个子像素。由于像素间的间隙会因为透镜而放大，所以在技术处理上，需要将透镜与像素列错开一定的角度。这样就相当于人眼是从不同的角度观看屏幕，从而看到不同的子像素，形成 3D 的视觉效果。

3）视差障壁技术

视差障壁其实就是利用液晶层和偏振膜形成一系列 90 度几十微米宽的垂直条纹，从而形成一个视觉的障碍。它的原理就是阻挡人的双眼同时看到影像，当左眼看屏幕时就会遮挡右眼，反之遮挡左眼，将左、右眼看的影像分开，从而形成 3D 的视觉效果。

4）全息投影技术

之所以把全息投影技术放在最后讲，是因为全息投影技术是目前最先进的裸眼 3D 显示技术。之前的 3 种技术都是在本来的平面影像上使人产生视觉误差形成 3D 的视觉效果，而全息投影技术可以真正产生 3D 影像。全息投影技术是指利用光干涉和衍射原理记录并再现物体真实的三维图像。就像是科幻片的景象一样，可以出现一个 3D 幻象，实现真正的裸眼 3D。

2010 年 3 月 9 日晚，世嘉公司举办了一场初音未来全息投影演唱会，这是世界上首次使用全息投影技术的演唱会，效果很好，如图 2-9 所示。

图 2-9　全息投影效果

7. 墙式立体显示系统

墙式立体显示系统类似于放映电影的背投式显示设备，屏幕大，容纳的人数多，分为单通道立体投影系统和多通道立体投影系统，适用于教学和成果演示。

2.2.2　听觉感知设备

利用虚拟现实技术的听觉感知设备可以实现虚拟现实中的听觉效果。在虚拟的环境中，为了提供听觉通道，使用户有身临其境的感觉，虚拟现实技术需要设备模拟三维声音，并用播放设备生成虚拟世界中的三维声音。

相对于视觉显示设备来说，听觉感知设备相对较少，但是其对虚拟现实的体验也是至关重要的。根据实验心理学家统计，人类获取的信息中有 83% 来自视觉，11% 来自听觉，3.5% 来自嗅觉，1.5% 来自触觉，1% 来自味觉，可见沉浸式虚拟环境中，3D 音效必不可少。

从人的听觉模型中可知，听觉的根本就是三维声音的定位。因此，对于听觉感知设备来说，其核心的技术就是三维虚拟声音的定位技术。

1. 听觉感知设备的特性

1）全向三维定位特性

全向三维定位特征是指在三维虚拟空间中，把实际声音信号定位到特定虚拟声源的能力。它能使用户准确地判断声源的位置，从而符合人们在真实世界中的听觉方式。如同在现实世界中，人一般先听到声响，再用眼睛去看。听觉感知设备不仅可以根据人的注视方向，而且可以根据所有可能的位置来监视和识别信息源。一般情况下，听觉感知设备首先提供粗调的机制，用来引导较为细调的视觉能力的注意。在受干扰的可视显示中，用听觉引导人眼对目标的搜索要优于无辅导手段的人眼搜索，即使是对处于视野中心的物体也是如此，这就是声学信号的全向特性。

2）三维实时跟踪特性

三维实时跟踪特性是指在三维虚拟空间中实时跟踪虚拟声源位置变化或场景变化的能力。当用户头部转动时，这个虚拟声源的位置也应随之变化，从而让用户感到真实声源的位置并未发生变化。而当虚拟物体位置移动时，其声源位置也应有所变化。因为只有声音效果与实时变化的视觉相一致，才可能产生视觉和听觉的叠加与同步效应。如果听觉感知设备不具备这样的实时能力，那么我们所看到的景象与听到的声音会相互矛盾，听觉就会削弱视觉的沉浸感。

2. VR 听觉感知设备

虚拟现实技术中所采用的 VR 听觉感知设备主要有耳机和扬声器两种。

1）听觉感知设备——耳机

基于头部的听觉感知设备（耳机）会跟随参与者的头移动，并且只能供一个人使用，提供一个完全隔离的环境。通常情况下，在基于头部的视觉显示设备中，用户可以使用封闭式耳机屏蔽掉真实世界的声音。

根据佩戴方式，耳机分为两类：一类是护耳式耳机，它很大，有一定的重量，用护耳垫套在耳朵上；另一类是插入式耳机（或耳塞），声音通过它送到耳中某一点。插入式耳机很小，封闭在可压缩的插塞（或适于用户的耳膜），并放入耳道中。耳机的发声部分一般情况下远离耳朵，其输出的声音经过塑料管连接（一般为 2 mm 内径），它的终端在类似的插塞中。

由于耳机通常是双声道的，因此其比扬声器更容易形成立体声和 3D 空间化声音的效果。耳机在默认情况下显示头部参照系的声音，即当 3D 虚拟世界中的世界应该表现为来自某个特定的地点时，耳机就必须跟踪参照者头部的位置，显示出不同的声音，及时地表现出收听者耳朵位置的变化。与耳机传出的立体声不同，在虚拟现实体验中，声源应该在虚拟世界中保持不变，这就要求耳机具有跟踪参与者的头部位置，并对声音进行相应过滤的功能。例如，在房间里看电视，电视的位置是用户的对面。如果戴上耳机，电视在用户的前面发出声音，如果用户转身，耳机需跟踪用户头部的位置，并使用跟踪到的信息进行计算，使这个声音永远固定在用户的前方，而不是相对于其头部的某个位置。

2）听觉感知设备——扬声器

扬声器又称"喇叭"，是一种十分常用的电声转换器件，它是一种位置固定的听觉感知设备。大多数情况下其能很好地给人提供声音，也可以在基于头部的视觉现实设备中使用扬声器。

扬声器固定不变的特性，能够使用户感觉声源是固定的，更适用于虚拟现实技术。但是，使用扬声器技术创建空间化的立体声音比耳机困难得多，因为扬声器难以控制两个耳膜收到的信号以及两个信号之差。在调节给定系统并对给定的用户头部位置提供适当的感知时，如果用户头部离开这个点，这种感知就会很快衰减。至今还没有扬声器系统包含头部跟踪信息，并用这些信息随着用户头部位置变化适当调节扬声器的输入。

3）环绕立体声技术

环绕立体声技术是把多声道的信号经过处理，使用多个固定扬声器表现 3D 空间化声音的结果，即能够让人感觉到环绕立体声。环绕立体声的研究一直在进行，目前较有名的、使用非耳机显示的系统是由伊利诺伊大学开发的 CAVE 系统，它使用 4 个同样的扬声器，将其安在天花板的 4 个角上，而且其幅度变化（衰减）可以由方向和距离决定。

2.2.3　力觉、触觉等感知设备

力觉、触觉感知设备是刺激人的力觉、触觉的人机接口装置，人的力觉、触觉包括肌肉运动觉（力、运动）和触觉（接触、刺激）。力觉感知设备能够尽可能真实地再现远程或虚拟环境中的硬度、重量和惯量信息，而触觉感知设备能够再生真实的触觉要素，如纹理、粗糙度和形状等。

触觉显示的困难：触觉是唯一一个双向感觉通道；除味觉外，触觉是唯一一个不能隔一段距离进行刺激的感觉；人的触觉相当敏锐。图 2-10 中的各种不同类型的抓取动作的实现亦不易。

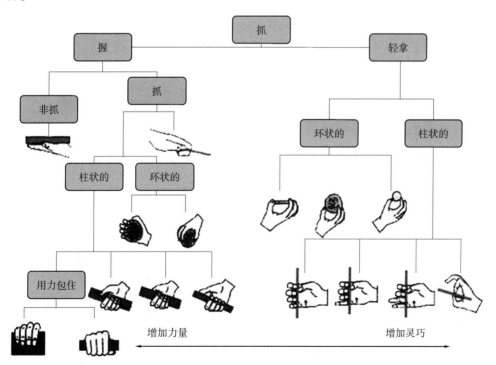

图 2-10　从左到右，按照力量大小和灵巧程度排列

1. 力觉、触觉感知设备的分类

力觉、触觉感知设备可以分为触觉再现设备和反馈运动知觉力的力觉再现设备，即包括

"肌肉运动知觉"和"接触的感觉"。

1）触觉再现设备

触觉再现设备一般用于再现触觉纹理信息，且通常装配在力觉再现设备上联合使用，如数据手套（如图2-11所示）。虽然人机交互接口可以使用人体的许多部位来完成人机交互作用，但是以基于手的力觉、触觉感知设备较为发展成熟和使用广泛。

图 2-11　数据手套

触觉再现设备一般采用各种方法来刺激皮肤的触觉感受器，如空气风箱或喷嘴、电激励产生的振动、微型针阵列、直流电脉冲和功能性的神经肌肉刺激等。

2）力觉再现设备

力觉再现设备要求能够提供真实的作用力来阻止用户的运动，这就要求使用较大的激励器和结构，因此这类设备比较复杂和昂贵。根据使用时安装位置的不同，力觉再现设备又可以分为地面、桌面固定式的和基于身体式的。前者包括各种力反馈操纵杆（如图2-12所示）、力反馈方向盘（如图2-13所示）和桌面式设备（如图2-14所示），后者一般指装配在操作者四肢或手指上的设备。

图 2-12　力反馈操纵杆

图 2-13　力反馈方向盘

图 2-14　桌面式设备（力反馈鼠标）

根据内在的机械行为特征，力觉再现设备可以分为阻抗型和导纳型的。阻抗型的力觉再现设备用于再现阻抗特性，它根据输入的位移或速度计算输出力；导纳型的力觉再现设备则相反，它通过根据输入作用力的大小来输出位移或速度量。由于阻抗型的力觉再现设备设计相对简单，制造成本便宜，所以大部分的力觉再现设备都属于这一类型。而导纳型的力觉再现设备往往应用于需要较大工作空间和较大作用力的场合。

从采用何种器件（电动机或制动器）来获得力、触觉再现效果划分，力觉再现设备可以分为有源的（能产生能量）或无源的（不能产生能量）。有源的力觉再现设备往往采用电动机作为制动器，它能够以相对较快的响应速度获得任意方向的力/力矩。但是它的这种有源性，有时候会引起系统的不稳定，严重损害力、触觉再现的效果。采用制动器等无源器件的设备永远都是稳定的，因为它只消耗能量。虽然这类设备能够产生较大的力/力矩，但是该力/力矩的方向却被限定外力/力矩作用的反方向，它不能产生任意方向的力/力矩。此外，制动器的响应速度较慢也进一步限制了力、触觉再现的性能。

2. 力、触觉再现设备的应用

力、触觉再现设备可应用于医学治疗领域和军事应用领域。

1）医学治疗领域

随着计算机技术和互联网的日益发展，借助力、触觉再现设备的力、触觉再现虚拟现实在医学上的应用范围越来越广泛。医生需要通过不断练习来提高自身的诊断和操作技能，而通常作为训练对象的解剖模型、动物、尸体、志愿者或病人存在着众多缺点：解剖模型过于简单，既不能真实再现病人的反应，也不便于充分记录医生的表现；动物的解剖结构存在差别，而且使用它们进行训练存在争议（动物保护者的反对）；尸体所能提供的生理学特征不够准确；利用志愿者或病人进行手术练习存在着潜在的风险（操作失误会造成伤害甚至死亡）。作为医学教育和治疗的辅助工具，面向医疗诊断（前列腺触诊、内窥镜检查）、外科手术（静脉注射、微创手术和开放性手术）和康复训练等的仿真系统正受到越来越多的重视。

2）军事应用领域

军用设备的发展趋势表现为技术复杂度不断增加且使用年限不断缩短，带力、触觉再现的虚拟现实仿真系统除了能够方便训练，还具有很好的升级灵活性，可以很好地满足军事方针训练要求。

3. 力、触觉再现设备的未来发展趋势

对于触觉再现设备，为了能逼真地再现物体纹理等材料特性，提高再现精度、设备微型化等将是未来研究的重要方向。

一般来讲，一个理想的力设备应当具备如下特点。

（1）较小的后向惯量和摩擦力，自由运动时所受约束小。

（2）较大的再现作用力/力矩幅度和较大的操作空间，足够多的自由度。

（3）对称的惯量、摩擦力、刚度和共振频率等特性。

（4）较高的（位置检测与力生成）精度、分辨率和频响。

（5）较好的人体工学设计等特点。

因而，从减小设备惯量和摩擦力，提高位置检测和作用力输出精度，提升设备的动态响应性能，降低成本等各个方面入手，设计出高性能的力觉再现设备是较为重要的研究方向。

大部分的力觉、触觉再现设备使用操作者手部来进行交互，其所再现的力觉、触觉感知范围有限。未来，研究若能够对操作者身体各部位都提供力觉、触觉再现的设备或装置，那么无疑能进一步增强力觉、触觉再现感知和虚拟现实技术的应用。

 虚拟现实的跟踪设备

本节将介绍虚拟现实中的动作跟踪、声音跟踪和意念交互等基本内容。

2.3.1 动作跟踪

1. 动作跟踪的概述

动作跟踪（Mocap）也就是动作捕捉，涉及尺寸测量、物理空间里物体的定位及方位测定等方面可以由计算机直接理解处理的数据。在运动物体的关键部位设置跟踪器，由动作捕捉系统捕捉跟踪器位置，再经过计算机处理后得到三维空间坐标的数据。当数据被计算机识别后，可以应用在动画制作、步态分析、生物力学、人机工程等领域。

从原理上来看，常用的动作捕捉技术可分为机械式、声学式、电磁式、主动光学式和被动光学式。不同原理的动作捕捉设备各有优缺点，一般可从以下几个方面进行评价：定位精度、实时性、使用方便程度、可捕捉运动范围大小、抗干扰性、多目标捕捉能力，以及与相应领域专业分析软件的连接程度。从技术的角度来说，动作捕捉的实质就是要测量、跟踪、记录物体在三维空间中的运动轨迹。

随着计算机软硬件技术的飞速发展和动画制作要求的提高，在发达国家，动作捕捉已经进入实用化阶段，有多家厂商相继推出了多种商品化的动作捕捉设备，如 Motion Analysis、Polhemus、Sega Interactive、MAC、X-Ist、FilmBox 等，它们成功地用于虚拟现实、游戏、人体工程学研究、模拟训练、生物力学研究等方面。

典型的动作捕捉设备一般由以下 4 个部分组成。

（1）传感器。传感器是固定在运动物体特定部位的跟踪装置，它将向动作捕捉系统提供运动物体运动的位置信息，一般会随着捕捉的细致程度确定跟踪器的数目。

（2）信号捕捉设备。信号捕捉设备会因动作捕捉系统的类型不同而有所区别，它们负责位置信号的捕捉。对于机械系统来说是一块捕捉电信号的电路板，对于光学动作捕捉系统来说则是高分辨率红外摄像机。

（3）数据传输设备。动作捕捉系统，特别是需要实时效果的动作捕捉系统需要将大量的运动数据从信号捕捉设备快速准确地传输到计算机系统进行处理，而数据传输设备就是用来完成此项工作的。

（4）数据处理设备。经过动作捕捉系统捕捉到的数据经修正、处理后还要与三维模型相结合才能完成计算机动画制作的工作，这就需要应用数据处理软件或硬件来完成此项工作。数据处理软硬件都是借助计算机对数据高速的运算能力来完成数据处理的，使三维模型真正、自然地运动起来。

2. 机械式动作捕捉

机械式动作捕捉依靠机械装置来跟踪和测量运动轨迹。典型的机械式动作捕捉系统由多个关节和刚性连杆组成，在可转动的关节中装有角度传感器，可以测得关节转动角度的变化情况。装置运动时，根据角度传感器所测得的角度变化和连杆的长度，可以得出杆件末端点在空间中的位置和运动轨迹。实际上，装置上任何一点的运动轨迹都可以求出，刚性连杆也可以换成长度可变的伸缩杆，用位移传感器测量其长度的变化。

早期的一种机械式动作捕捉装置是用带角度传感器的关节和连杆构成一个"可调姿态的数字模型"，其形状可以模拟人体，也可以模拟其他动物或物体。使用者可根据剧情的需要调整模型的姿态，然后锁定。角度传感器测量并记录关节的转动角度，依据这些角度和模型的机械尺寸，可计算出模型的姿态，并将这些姿态数据传给动画软件，使其中的角色模型也做出一样的姿态。这是一种较早出现的动作捕捉装置，直到现在仍有一定的市场。国外给这种装置起了一个很形象的名字："猴子"。

机械式动作捕捉的一种应用形式是将欲捕捉的运动物体与机械结构相连，物体运动带动机械装置运动，从而被传感器实时记录下来。

这种方法的优点是成本低，精度也较高，可以做到实时测量，还可容许多个角色同时表演。但其缺点也非常明显，主要是使用起来非常不方便，机械结构对表演者的动作阻碍和限制很大。而"猴子"较难用于连续动作的实时捕捉，需要操作者不断根据剧情要求调整"猴子"的姿势，很麻烦，主要用于静态造型捕捉和关键帧的确定。

3. 声学式动作捕捉

常用的声学式动作捕捉装置由发送器、接收器和处理单元组成。发送器是一个固定的超声波发生器，接收器一般由呈三角形排列的 3 个超声探头组成。通过测量声波从发送器到接收器的时间或相位差，系统可以计算并确定接收器的位置和方向。

这类装置的成本较低，但对动作的捕捉有较大延迟和滞后，实时性较差，精度一般不高，声源和接收器间不能有大的遮挡物体，受噪声和多次反射等干扰较大。由于空气中声波的速度与气压、湿度、温度有关，所以还必须在算法中做出相应的补偿。

4. 电磁式动作捕捉

电磁式动作捕捉系统是比较常用的动作捕捉设备。一般由发射源、接收传感器和数据处理单元组成。发射源在空间产生按一定时空规律分布的电磁场；接收传感器（通常有 10～20 个）安置在表演者身体的关键位置，随着表演者的动作在电磁场中运动，通过电缆或无线方式与数据处理单元相连。

表演者在电磁场内表演时，接收传感器将接收到的信号通过电缆传送给数据处理单元，根据这些信号可以计算出每个传感器的空间位置和方向。Polhemus 公司和 Ascension 公司均以生产电磁式动作捕捉设备而著称。这类系统的采样频率一般为每秒 15~120 次（依赖于模型和传感器的数量），为了消除抖动和干扰，采样频率一般在 15 Hz 以下。对于一些高速运动，如拳击、篮球比赛等，该采样速率还不能满足要求。电磁式动作捕捉系统的优点首先在于它记录的是六维信息，即不仅能得到空间位置，还能得到方向信息，这一点对某些特殊的应用场合很有价值；其次是速度快，实时性好，表演者表演时，动画系统中的角色模型可以同时反应，便于排演、调整和修改。该装置的定标比较简单，技术较成熟，鲁棒性好，成本相对低廉。

它的缺点在于对环境要求严格，在表演场地附近不能有金属物品，否则会造成电磁场畸变，影响精度。该系统的允许表演范围比光学式动作捕捉装置要小，特别是电缆对表演者的活动限制比较大，对于比较剧烈的运动和表演则不适用。

5. 光学式动作捕捉

光学式动作捕捉是指通过对目标上特定光点的监视和跟踪来完成运动捕捉的任务。常见的光学式动作捕捉装置大多基于计算机视觉原理。从理论上说，对于空间中的一个点，只要它能同时为两部相机所见，则根据同一时刻两部相机所拍摄的图像和相机参数，可以确定这一时刻该点在空间中的位置。当相机以足够高的速率连续拍摄时，从图像序列中就可以得到该点的运动轨迹。

典型的光学式动作捕捉系统通常使用 6~8 部相机环绕表演场地排列，这些相机的视野重叠区域就是表演者的动作范围。为了便于处理，通常要求表演者穿上单色的服装，在身体的关键部位，如关节、髋部、肘、腕等位置贴上一些特制的标志或发光点，称为 Macker，视觉系统将识别和处理这些标志。系统定标后，相机连续拍摄表演者的动作，并将图像序列保存下来，然后进行分析和处理，识别其中的标志点，并计算其在每一瞬间的空间位置，进而得到其运动轨迹。为了得到准确的运动轨迹，相机应有较高的拍摄速率，一般要达到每秒 60 帧。

如果在表演者的脸部表情关键点贴上 Marker，则可以实现表情捕捉。大部分表情捕捉都采用光学式。

有些光学式动作捕捉系统不依靠 Marker 作为识别标志，如根据目标的侧影来提取其运动信息，或者利用有网格的背景简化处理过程等。研究人员正在研究不依靠 Macker 而应用图像识别、分析技术，由视觉系统直接识别表演者身体关键部位并测量其运动轨迹的技术，估计将很快被投入使用。

光学式动作捕捉系统的优点是表演者活动范围大，无电缆、机械装置的限制，表演者可以自由地表演，使用很方便。其采样速率较高，可以满足多数高速运动测量的需要；Marker 数量可根据实际应用购置添加，便于系统扩充。

它的缺点是价格昂贵，虽然可以捕捉实时运动，但后期处理（包括 Marker 的识别、跟踪、空间坐标的计算）的工作量较大，适合科研类应用。

6. 惯性导航式动作捕捉

惯性导航式动作捕捉通过惯性导航传感器——航姿参考系统（Attitude and Heading Reference System，AHRS）、惯性测量单元（Inertial Measurement Unit，IMU）测量表演者运动加

速度、方位、倾斜角等特性。惯性导航式动作捕捉不受环境干扰影响，不怕遮挡；捕捉精确度高，采样速度高，达到每秒 1 000 次或更高。由于采用高集成芯片、模块，所以其体积小、尺寸小，重量轻，性价比高。将惯性导航传感器佩戴在表演者头上，或者通过 17 个传感器组成数据服穿戴，通过 USB 线、蓝牙等与主机相联，分别可以跟踪表演者头部、全身动作，实时显示表演者完整的动作。

7. 动作捕捉技术在其他领域的应用

将动作捕捉技术用于动画制作，可极大地提高动画制作的水平。它极大地提高了动画制作的效率，降低了动画制作成本，而且使动画制作过程更为直观，效果更为生动。随着技术的进一步成熟，表演动画技术将会得到越来越广泛的应用，而动作捕捉技术作为表演动画系统不可缺少的、最关键的部分，必然显示出更加重要的地位。

动作捕捉技术不仅是表演动画中的关键环节，在其他领域也有着非常广泛的应用前景，具体如下。

（1）提供新的人机交互手段：表情和动作是人类情绪、愿望的重要表达形式，动作捕捉技术完成了将表情和动作数字化的工作，提供了新的人机交互手段，比传统的键盘、鼠标更直接方便，不仅可以实现"三维鼠标"和"手势识别"，还使操作者能以自然的动作和表情直接控制计算机，并为最终实现可以理解人类表情、动作的计算机系统和机器人提供了技术基础。

（2）虚拟现实系统：为实现人与虚拟环境及系统的交互，必须确定参与者的头部、手、身体等的位置与方向，准确地跟踪、测量参与者的动作，将这些动作实时检测出来，以便将这些数据反馈给显示和控制系统。这些工作对虚拟现实系统是必不可少的，这也正是动作捕捉技术的研究内容。

（3）机器人遥控：机器人将危险环境的信息传送给控制者，控制者根据信息做出各种动作，动作捕捉系统将动作捕捉下来，实时传送给机器人并控制其完成同样的动作。与传统的遥控方式相比，这种系统可以实现更为直观、细致、复杂、灵活而快速的动作控制，大大提高了机器人应付复杂情况的能力。在当前机器人全自主控制尚未成熟的情况下，这一技术有着特别重要的意义。

（4）互动式游戏：可利用动作捕捉技术捕捉游戏者的各种动作，用以驱动游戏环境中角色的动作，给游戏者以一种全新的参与感受，加强游戏的真实感和互动性。

（5）体育训练：动作捕捉技术可以捕捉运动员的动作，便于量化分析，结合人体生理学、物理学原理，研究改进的方法，使体育训练摆脱纯粹的依靠经验的状态，进入理论化、数字化的时代。动作捕捉技术还可以把成绩差的运动员的动作捕捉下来，将其与优秀运动员的动作进行对比分析，从而帮助其训练。

另外，在人体工程学研究、模拟训练、生物力学研究等领域，动作捕捉技术同样大有可为。

2.3.2　声音跟踪

1. 虚拟现实与音频跟踪

无论是计算机、视频游戏、还是虚拟现实，音频技术在整个应用场景中的重要性不可忽视，计算机的技术基础，让计算机和游戏的音频技术有了很大的提升。不过面临新兴的虚拟现实领域，如何进行音频跟踪，在虚拟现实世界中，可能会有一定难度。这也是目前虚拟现实领域中急需解决的问题。

相比传统行业，虚拟现实和现实场景极为相似，音频技术如何达到和现实表现一致，这正是虚拟现实需要着手解决的地方。本小节将定位和人体听觉系统着手，主要讲解虚拟现实声音的影响因素。

2. 定位和人体听觉系统

人只用两只耳朵，就可以在三维空间中定位声音：根据时间、相位、强度和频谱的变化，依靠心理声学和推理去定位。

根据人类定位声音的方法，可以解决空间定位的问题。虚拟现实开发者可以把单声道的声音信号进行转化，让这个声音听起来像是来自于空间中的某个具体位置。

人类定位声音的两个关键因素，分别是方向和距离。

1）方向

可以通过侧面、前后以及头部相关的转换方程组来定位声音。

（1）侧面（Lateral）。

侧面的定位是最简单的，当一个声音更靠近左边时，左耳会比右耳更早听到，并且听到的声音更大。通常来说，两只耳朵听到的声音越接近，那这个声音就越靠近中间。

还有一些有趣的细节。我们主要依靠到达两耳的延迟，也就是"耳间时间差别"（Interaural Time Difference，ITD）来定位声音；或者依靠两耳的音量差别，也就是"耳间强度差别"（Interaural Level Difference，ILD）来定位声音。使用的定位技术极大地依赖了信号的频率内容。

当声音低于一定频率（500~800 Hz，取决于声源）时，会很难分辨出强度的差别。但是，在这个频率范围的声音，比人脑的规模还要大半个波长，让我们可以依靠两耳之间的时间（Phase 相位）信息区别。

当声音的频率高于 1 500 Hz 时，这个频率范围的声音比人脑小半个波长，用相位信息来定位声音就不再可靠了。对于这些频率，需要根据人脑引起的强度差别，称为头影效应（Head Shadowing），这是由于人脑的阻挡，导致较远的那只耳朵听到的音量有所衰减，如图 2-15 所示。

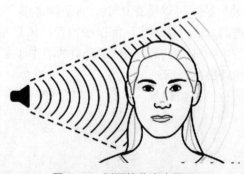

图 2-15　侧面接收声音图示

也可以根据信号的起始时间差来判断，当声音播放时，哪只耳朵先听到会有很大影响，但是这个仅可以定位突变的声音，而不能定位连续的声音。

对于频率为 800~1 500 Hz 的声音，需要依靠耳间时间差别和耳间强度差别来同时判断。

（2）前后（Front/Back/Elevation）。

前后的判断会比侧面的判断难很多，我们无法依靠耳间时间差别和耳间强度差别，因为它们的差为 0，如图 2-16 所示。

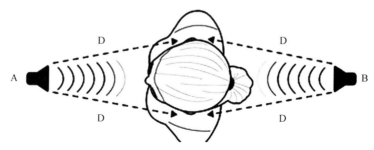

图 2-16　前后接收声音图示

人体依靠由人体和脑袋引起的光谱差别（Spectral Modifications）来解决混淆。这些光谱的差别是因为脑袋、脖子、肩膀、躯干，尤其是外耳（或耳廓）引起的过滤和反射。由于来自不同方向的声音与人体的交互会不一样，大脑通过光谱的差别来推测声源的方向。从前方传来的声音会与耳廓的内部产生共振，而从后侧传来的声音被耳廓削弱。类似地，从上方传来的声音会在肩膀处反射，而从下方传来的声音会被躯干和肩膀阻挡。

以上这些反射和阻挡被结合起来，创造了一个方向选择滤波器（Direction Selective Filter）。

（3）头部相关的转换方程组（Heade-Related Transfer Functions，HRTFs）。

应用 HRTFs 一个方向选择滤波器可以被编码为一个头部相关的转换方程（HRTF），这个 HRTF 是当今 3D 声音空间关键技术的基石，仅依靠 HRTFs 还不足以准确定位声音，因此需要一个头部模型来辅助定位。通过旋转头部，就可以把一个前后定位的问题转换为侧面定位的问题，从而更好地定位声音。

例如，图 2-17 中的 A 和 B 无法通过耳间强度和时间差别来区分，因此它们是一样的。通过轻微旋转头部，听者就改变了两只耳朵的时间和强度差别，来帮助定位声音。D_2 比 D_1 要近，因此可以判断出声音在听者的左侧（后侧）。

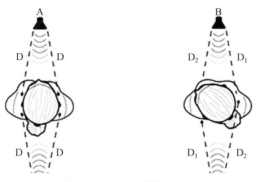

图 2-17　头部转换图示 1

类似地，旋转头部，可以帮助定位垂直的物体。在图 2-18 中，D_1 变短 D_2 变长，因此可以判断声音在听者的上方。

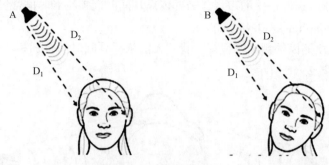

图 2-18　头部转换图示 2

2）距离

ILD、ITD 和 HRTFs 可以帮助定位声源的方向，但是对于声源的距离只能给出一个宽泛的参考。为了定位声源的距离，需要考虑一系列的因素，包括音量、起始时间延迟及运动视差。

（1）音量。

音量是定位声源的距离最关键的因素，但是有时候会产生误导。如果缺少参照物，就无法判断声源的距离。幸运的是，我们对生活中的声源很熟悉，如乐器、人声、动物、汽车等，因此可以很好地判断这些距离。

对于合成的和不熟悉的声源，我们没有参照物，只能依靠其他信息或相对音量的改变来判断这个声音正在靠近还是正在远离。

（2）起始时间延迟（Initial Time Delay）。

起始时间延迟描述了声音和回声的区间，这个区间越长，我们离声源就越近。无回声或空旷的环境中，如沙漠，不会产生可感知的回声，这会导致声音的距离的估计更加困难。

（3）运动视差。

声音的运动视差可以体现声音的距离，例如比较近的昆虫可以从左边很快地飞到右边，但是远处的飞机可能需要几秒钟达到同样的效果。因此，如果一个声源运动得比一个固定的视角要快，那就猜测这个声源来自附近。

2.3.3　意念交互

1. 意念及其产生

意念，即意识（包含显意识和潜意识）而成信念的精神状态，它"舍弃"了一切中间环节，具有"穿透力"。

《简易经》里所述："德化情，情生意，意恒动""意恒动，识中择念，动机出矣"。意思是：人的德性能演化出情，情能生出意，意不停地运作即意识，意识有刺激大意义大的意识，有刺激小意义小的意识，在意识中，自觉不自觉地就会选择意义的大意识转化为意念，把其他意识抛弃。此意念会转化为动机，能支配人体付诸行动。

2. 意念交互的原理

大脑活动已经能够被较为精准地测量，对脑电波精密的分析可以理解部分思维活动，从而做出响应——这一测量和分析过程即脑机接口技术，意念交互技术底层则采取的是脑机接口技术。也就是既可以去捕捉和分析大脑皮层的活动进而量化人类的"意念"，又可以影响大脑的活动进而告知大脑外部的反馈，形成类似于图像、声音这样的信息传递效果。如果只能做到其中一点，就是单向脑机接口（单通道），计算机或者接受大脑传来的命令，或者发送信号到大脑，不能同时发送和接收信号。如果上述两点都做到了，就是双向大脑机接口，允许大脑和外部设备间的双向信息交换（多通道）。

3. 用意念实现交互

脑电波是大脑自己的语言，通过脑电波来控制物体，实现大脑与外部设备间的直接沟通，从而解读我们的思绪，仅仅依靠意念就可以在虚拟世界中做任何事，这将是一种什么样的体验呢？

当用户大脑活动时，大量神经元同步发生的突触后电位经总和后形成了脑电波。它记录大脑活动时的电波变化，是脑神经细胞的电生理活动在大脑皮层或头皮表面的总体反映。利用大脑活动时产生的电波变化，进行设备的控制。

相比脑电波信号，虽然体外信号会显得更加直观，如面部的微表情、牙齿的咬合、眼睛的焦点等，但它们却没有脑电波信号真实。而且，每个人的脑电波信号都是独特的，可以说也是一种隐私的个人信息。

一旦成功将神经检测装置加入 VR 头盔，虚拟现实技术将会获得质的提升，我们的情绪状态都能被 VR 头盔所感知，如图 2-19 所示。

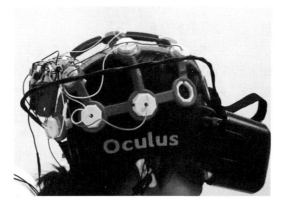

图 2-19　意念交互 VR 头盔

虚拟现实是一场交互方式的新革命，人们正在实现由界面到空间的交互方式变迁。未来多通道的交互将是虚拟现象时代的主流交互形态，目前，虚拟现实交互的输入方式尚未统一，市面上的各种交互设备仍存在各自的不足。

作为一项能够"欺骗"大脑的终极技术，虚拟现实在短时间内迅猛发展，已经在医学、军事航天、室内设计、工业设计、房产开发、文物古迹保护等领域有了广泛的应用。随着多玩家虚拟现实交互游戏的介入以及玩家追踪技术的发展，虚拟现实把人与人之间的距离拉得越来越近，这个距离不再仅仅是借助互联网达到人们之间的交互目的，而是从身体上也拉近了人们之间的距离。不难判断，未来虚拟现实的多人真实交互将如日中天。

2.4 感知与跟踪设备结合——HTC 虚拟现实系统解决方案

2.4.1 虚拟现实一体机——HTC Vive Focus Plus

1. 何为 VR 一体机

VR 在实际应用中一般是以沉浸式感知设备+跟踪设备的方式来运作的，例如沉浸式感知设备+跟踪设备（Lighthouse 技术）、沉浸式感知设备+跟踪设备（Oculus+Leap Motion 等手势识别）、沉浸式感知设备+跟踪设备（Oculus+Virtuix Omni 游戏操控 VR 全向跑步机）、沉浸式感知设备+全身动作捕捉等。

大多数人可能仅接触过需要将手机的配合才能使用的 VR 眼镜，这一类产品被称为"移动端头显设备"，虽然其有着结构简单、价格低廉的优势，但实际使用效果并不好。还有少部分人接触过更为高端的 VR 头显，他们通过商家在商场或 VR 体验店内的外接式头显设备，只需花费几十块钱就能体验到 VR 带来的乐趣。在抖音上大火的 VR 音游"节奏空间"（Beat Saber）就是其中的代表，商家将 VR 头显连接至 Steam 游戏和软件平台后，用户通过佩戴 VR 头显在其店内进行游戏，感受 VR 带来的沉浸式体验。这一类产品最大的缺点就是"贵"。VR 头显加上配套设施以及一台能带动 VR 游戏的计算机，其成本就已经飙升至两万元，这对于普通家庭来说，无疑是沉重的负担。

为了解决这一难题，诞生了一体式头显，这类产品也被称为 VR 一体机，它无须借助任何输入/输出设备就可以让人们在虚拟的世界里尽情感受 3D 立体感带来的视觉冲击。VR 一体机是指具备了独立运算、输入和输出功能的 VR 头显，通常配备了独立处理器、显卡、存储。因此，VR 一体机既具有移动 VR 没有连线束缚、使用方便、自由度高的优点，同时得益于其专门针对虚拟现实应用进行优化的专用软、硬件设备，相较于移动 VR，VR 一体机可以提供更强大的运算能力、更高的分辨率、更低的延迟，增强了沉浸感，提供了更好的用户体验。但是由于 VR 一体机集成了独立处理器及其他硬件单元，所以整个头显的重量会有增加。

目前，几种流行的 VR 一体机产品分别为：HTC Vive Focus、Microsoft Hololens、Magic Leap One、三星 ExyonesVR Ⅲ、Pico neo 等，本小节主要介绍 HTC Vive Focus。

2. HTC Vive Focus Plus 及其主要功能

作为 VR 行业的领军者，HTC Vive 在 Vive 开发者峰会（2017）上正式发布了 VR 一体机——HTC Vive Foucs。与外接式头显设备相比，一体式头显的内部配备高性能处理器，能够摆脱线束的束缚实现独立运作。

作为 HTC Vive Focus 的升级款，HTC Vive Focus Plus（如图 2-20 所示）的机身内部采用高通骁龙 835 移动平台，能流畅运行商店内的 VR 游戏，除此之外，HTC Vive Focus Plus 还配有一块分辨率为 2 880×1 600、刷新率为 75 Hz、视场角为 110 度的 3 K AMOLED 屏幕，能够给用户带来良好的视觉观感，长时间使用后，眼睛也不会出现强烈的不适感；配合融合了 Chirp 超声波与惯性测量单元的追踪技术的 Vive Focus Plus 6DOF 手柄（如图 2-21 所示），无须加装额外定位设备，在无线状态下就能实现移动识别，极大程度优化使用体验。

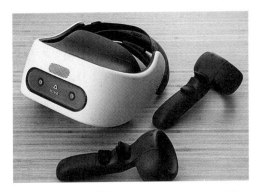

图 2-20　VR 一体机——HTC Vive Focus Plus　　　图 2-21　使用 HTC Vive Focus Plus 及其手柄

HTC Vive Focus Plus 支持 PC VR 串流模式、PC 巨幕投屏模式、手机影院模式、游戏机巨幕投影模式、机顶盒观影模式、360°全景相机直播观赏模式以及 5G 云 VR 模式等多模式（Multi-Mode）功能。如果说一体机模式只是一个人的体验的设备，那么多模式功能则打通了各平台之间的壁垒，实现真正的互通有无。

3. 使用和体会 HTC Vive Focus Plus 多模式功能

HTC Vive Focus Plus 多模式功能主要以使用游戏机、机顶盒、PC 巨幕投屏模式为主，需要准备的工作是先在 Viveport 应用商城中下载并安装好 StreamLink 后（Streamlink 是 Livestreamer 的分支项目，免费开源，支持提取多个平台的不同协议的直播流，让用户能够使用本地视频播放器观看直播，而不用开启浏览器），打开 StreamLink App，并授予 Focus 影音视频存储权限及相机访问权限。然后将高清晰度多媒体接口（High-Definition Multimedia Interface，HDMI）线的两头分别接入图像输出设备和 HDMI 视频采集卡，并将 HDMI 视频采集卡的另一头通过Type-C插头，接入 HTC Vive Focus Plus 顶部的 Type-C 插口内（如图 2-22 所示）。

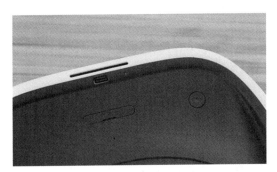

图 2-22　HTC Vive Focus Plus Type-C 插口

接着佩戴好 HTC Vive Focus Plus，使用手柄打开 StreamLink App，就会看到外部设备接入提示，同时选择允许其默认开启。这时界面上方会出现完整的巨幕投影屏，投影屏上显示连接设备对应的界面；界面下方还有一个 See-Through 窗口，可以通过此窗口参看周围真实的情况。使用 HTC Vive Focus Plus 连接 Switch 试玩马里奥·奥德赛，整体效果非常流畅，没有丝毫的延迟。

2.4.2　虚拟现实平台——HTC Viveport

虚拟现实平台是专门用于支持虚拟现实设备，提供开发虚拟现实内容标准和发布虚拟现实内容的平台。流行的虚拟现实平台有：HTC Viveport、Steam VR、谷歌 Daydeam、微软 Holographic 平台，本小节主要介绍 HTC Viveport。

1. HTC Viveport 及其与 Valve Steam VR 平台的关系

（1）HTC 于 2016 年 3 月正式推出 HTC Viveport，其同时具备 PC 端和 VR 内的用户界面，还有一个"仪表盘"作为内容启动器。在 PC 上安装 HTC Viveport 时要求先预装 Valve Steam VR 平台。

（2）HTC Viveport 和 Valve Steam VR 平台并不冲突，游戏大都会在两个平台上线。Valve Steam VR 主要聚焦在游戏上，而 Viveport 还会有媒体内容和行业应用。另外，HTC Viveport 主要面向的是对 Valve Steam VR 平台可能有限制的国家，如中国。HTC Viveport 还涵盖教育体验等，逐渐成为高质量互动体验的门户网站。

2. Viveport M

Viveport M 的诞生进一步丰富了 HTC Viveport 内容平台家族，将 HTC Viveport 上的成功经验延伸至各类移动 VR 设备，为用户提供更多元化、更高品质的移动 VR 内容与体验。

Viveport M 适用于绝大多数 Android 手机设备，用户无论是通过触摸屏还是 VR 模式都能更轻易地找到并体验到优质的移动 VR 应用或 360°视频内容。

3. 访问 HTC Viveport 的方式

目前有 3 种方式可以访问 HTC Viveport：通过 Vive 桌面客户端，戴上 HTC Vive 头盔或通过互联网浏览器。

1）Vive 桌面客户端

通过 Vive 桌面客户端不仅可浏览 HTC Viveport 提供的内容，还可浏览 Valve Steam VR 游戏。用户只需选择其最新版和菜单栏上的 Viveport 选项卡便可。

2）HTC Vive

用户穿戴 HTC Vive 头盔，按下系统按钮访问 Steam VR 菜单，选择下面的 Vive Home；选择 Viveport 并浏览可用的 VR 游戏和体验列表。

3）互联网浏览器

Viveport 网络商店基本上与 Vive 桌面客户端或 HTC Vive 本身提供的相同，可用 Vive 账户登录。

2.4.3　运用主机 VR——HTC Vive Focus Plus 无线连接

令人惊叹的是，PCVR 内容无须任何连线，就能实现 PC 与 HTC Vive Focus Plus 的互通互联。

1. 进行互联的准备与连接

安装 Riftcat 客户端以及安装 Steam 的 Steam VR，在 HTC Vive Focus Plus 上安装 Vridge 且运行，根据 Riftcat 客户端上的操作步骤自动连接 HTC Vive Focus Plus，如图 2-23 所示。

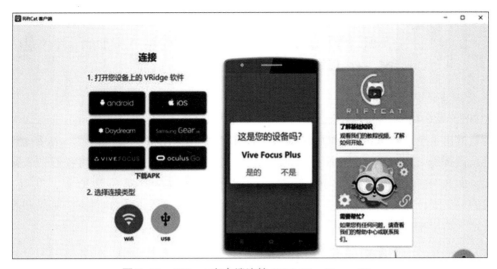

图 2-23　Riftcat 客户端连接 HTC Vive Focus Plus

2. PC 巨幕投屏模式与 HTC Vive Focus Plus

可以通过系统设置进入 PC 巨幕投屏模式，将 Miracast 播放外部设备的内容投至 HTC Vive Focus Plus 上，还可以将 HTC Vive Focus Plus 的画面内容投影到外部设备上。

3. 5G 云 VR 模式

连接手机至 Vive（一般采用 Vive 的写法）设备，能在 HTC Vive Focus Plus 上接收到来电、短信等消息，如图 2-24 所示。随着 5G 网络和云计算的加入，已经先获得入场券的 HTC 将迎来一场大爆发的革命。

图 2-24　连接手机至 Vive 设备

2.5 空间计算设备——苹果 AR 眼镜 Vision Pro 和配上 ChatGPT 的 AR 眼镜

1. 全球首款空间计算设备——苹果 AR 眼镜 Vision Pro

在 2023 年 6 月举行的苹果全球开发者大会（Worldwide Developers Conference，WWDC）上，隆重推出了全球首款空间计算设备——苹果 AR 眼镜 Vision Pro（如图 2-25 所示）。苹果公司总裁蒂姆·库克说："正如 Mac 将我们带入个人计算时代，iPhone 将我们带入移动计算时代，那么 Vision Pro 则将我们带入空间计算时代。"事实上，早在 2020 年，推动 AR 向前发展的另一大巨头高通，也曾多次指出空间计算将是下一信息时代的重点。苹果和高通的双重认定，为未来信息计算指明了方向。

图 2-25　苹果 AR 眼镜 Vision Pro

这一次，Vision Pro 除了有虹膜 ID 识别，打通 AR 头显和 iPhone、Mac 之间的联动外，苹果通过一个系统、两款芯片、三大功能、四大场景重新"定义"了头显正确的打开方式。

（1）一个系统 VisionOS：首个基于空间计算的操作系统。VisionOS 用户界面由眼睛、手和声音控制——没有任何物理控制器（罕见地采用无手柄交互）。用户可简单地看着、轻敲手指进行选择、轻弹手腕进行滚动或使用语音进行口述。

（2）两款芯片 M2+R1：R1 专为实时传感器设计。Vision Pro 由定制双核版 Apple 的 M2 芯片组提供支持，并辅以全新的 R1 芯片，该芯片可处理来自 12 个摄像头、5 个传感器和 6 个麦克风的输入，以确保内容始终呈现在用户眼前。R1 在 12 ms 内将新图像流式传输到显示器，这显然比眨眼快 8 倍。

（3）三大功能：Eyesight 功能（双面显示屏头显，交互靠近即显示，让头显交互不再需要"隔离"）、空间视频功能、虚拟数字人功能（瞬间还原"自己"，有纵深感和体积感）。

（4）在场景上，苹果以视频、办公、游戏和家居四大产品为主。

2. 配上 ChatGPT 的 AR 眼镜

2023 年 4 月，美国 AR 眼镜开发商和零售商 Innovative Eyewear 宣布，其 AR 眼镜产品支持 ChatGPT 语音交互。Innovative Eyewear 以基于一款名为"Lucyd"的手机应用，为其 AR 眼镜用户提供 ChatGPT 语音服务。公司首席执行官 Harrison Gross 在声明中写道，"我们很高兴能成为第一家提供 ChatGPT 支持的 AR 眼镜公司，Lucyd 将使我们的 AR 眼镜产品功能更加强大"。Lucyd 应用宣传图如图 2-26 所示。

根据相关介绍，基于 Lucyd 应用，用户可以使用 AR 眼镜内置的麦克风或其他耳戴式设

图 2-26　Lucyd 应用宣传图

备向 ChatGPT 提问，并通过立体声扬声器实时听到回答。搭配上 ChatGPT 的 AR 眼镜，看起来似乎比以往任何时候都更加实用。在业界看来，AR 眼镜或许会在未来成为取代手机的下一代终端设备。不过，AR 眼镜的人机交互"痛点"却一直阻拦其进一步发展，直接触摸机身的可操作性太低，手势交互的算力需求又太高，但想要实现算力设备的集成，就势必会导致 AR 眼镜变得臃肿不堪，这也就失去其存在的必要。AI 语音助手的出现，很有可能成为 AR 眼镜人机交互的新选择。

随着 ChatGPT 的跃进式突破，人工智能图形计算（Artificial Intelligence Graphics Computing，AIGC）领域已成为科技行业投资圈的新贵。国外方面，ChatGPT（GPT3.5）已经发展到 GPT4.0，甚至在着手 GPT5.0 的研究；国内方面，B.A.T 三大互联网巨头（百度、阿里巴巴、腾讯）中，百度和阿里巴巴都已先后推出自己的 AI 语言大模型。将 AI 引入 AR 眼镜，凭借 AI 提供的高效语音交互服务，打破 AR 眼镜"高不成低不就"的现状，让其成为真正满足用户需求的生产力工具。基于 AI 的发展，在可预期的未来，相信我们可以看到，AR 眼镜成为真正意义上的智能可穿戴设备。智能可穿戴设备将不再是"纸上谈兵"，AR 眼镜取代智能手机，将不再是梦想。

习　题

一、填空题
常见的视觉显示设备有：＿＿＿＿＿＿、＿＿＿＿＿＿、＿＿＿＿＿＿、＿＿＿＿＿＿。

二、多选题
虚拟现实的跟踪设备有以下哪几种（　　　）？

A. 动作跟踪　　　　　　　　　　B. 声音跟踪

C. 意念交互　　　　　　　　　　D. 以上都不是

三、简答题

1. 简述立体视觉的成像原理。

2. 常见的听觉感知设备，触觉、力觉等感知设备有哪些？常见的动作跟踪有哪几种？

3. 在声音跟踪中，定位声音的方式有哪两种？

4. 何为虚拟现实一体机？其优点有哪些？

5. 何为 HTC Vive Focus Plus 其主要功能有哪些？

6. 何为 HTC Viveport？如何使用？如何运用主机 VR——HTC Vive Focus Plus 无线连接？

虚拟世界构建与
VR引擎篇

第3章 图形技术与虚拟世界的构建

三维虚拟世界的构建方法主要有：基于三维几何模型构建虚拟世界和基于图像构建虚拟世界，本章介绍前者，后者将在第7章介绍。

本章学习目标

知识目标：了解与虚拟现实技术相关的图形技术与虚拟世界的构建，即计算机图形学的概念及其主要研究内容，图形流水线的关键步骤和功能，基础图形库 OpenGL、D3D、GPU 的概念及发展，三维几何模型虚拟世界的构建等，为学习后面章节奠定基础。

能力目标：能够进行虚拟现实的几何造型建模及实操。

思政目标：让学生了解卡尔·马克思的经典名言——哲学家们只是用不同的方式解释世界，而问题在于改变世界。

3.1 计算机图形学

本节将介绍计算机图形学的概念、作用、研究范围和趋势，图形和图像的区别，以及计算机图形学的主要研究内容：建模、渲染、动画、人机交互等。

3.1.1 计算机图形学的概念

1. 何为计算机图形学

计算机图形学（Computer Graphics，CG）的内容比较丰富，与很多学科都有交叉。它是一种使用数学算法将二维或三维图形转化为计算机显示器的栅格形式的科学。简单地说，计算机图形学的主要研究内容就是研究如何在计算机中表示图形以及利用计算机进行图形的计算、处理和显示的相关原理与算法。虽然通常认为计算机图形学是指三维图形的处理，事实上也包括了二维图形及图像的处理。

狭义地理解，计算机图形学是数字图像处理或计算机视觉的逆过程：计算机图形学是用计算机来画图的学科，数字图像处理是把外界获得的图像用计算机进行处理的学科，计算机视觉是根据获取的图像来理解和识别其中的物体的三维信息及其他信息。

这些都是不确切的定义，实际上，计算机图形学、数字图像处理和计算机视觉在很多地方的界线不是非常清晰，很多概念是相通的，而且随着研究的深入，这些学科方向不断交叉融入，形成一个更大的学科方向，可称为"可视计算"（Visual Computing）。

简而言之，计算机图形学是一门研究如何利用计算机进行图形的计算、处理和显示的学科。简单地说，它就是一种用数学算法将二维或三维图形转化为计算机显示器所能显示的二维栅格形式的科学。

2. 计算机图形学的作用

图形通常由点、线、面、体等几何元素和灰度、色彩、线型、线宽等非几何属性组成。从处理技术上来看，图形主要分为两类，一类是基于线条信息表示的，如工程图、等高线地图、曲面的线框图等；另一类是明暗图，也就是通常所说的真实感图形。

计算机图形学一个主要的目的就是要利用计算机产生令人赏心悦目的真实感图形。为此，必须建立图形所描述的场景的几何表示，再用某种光照模型，计算在假想的光源、纹理、材质属性下的光照明效果。因此，计算机图形学与另一门学科计算机辅助几何设计有着密切的关系。事实上，图形学也把可以表示几何场景的曲线曲面造型技术和实体造型技术作为其主要的研究内容。同时，真实感图形计算的结果是以数字图像的方式提供的，计算机图形学也就和图像处理有着密切的关系。

图形与图像两个概念间的界线越来越模糊，但两者还是有区别的：图像纯指计算机内以位图形式存在的灰度信息，而图形含有几何属性，或者说更强调场景的几何表示，是由场景的几何模型和景物的物理属性共同组成的。

3. 计算机图形学的研究范围和趋势

计算机图形学的研究范围非常广泛，如图形硬件、图形标准、图形交互技术、光栅图形生成算法、曲线曲面造型、实体造型、真实感图形计算与显示算法、非真实感绘制以及科学计算可视化、计算机动画、自然景物仿真、虚拟现实等。

狭义地讲计算机图形学是一种研究基于物理定律、经验方法以及认知原理，使用各种数学算法处理二维或三维图形数据，生成可视数据表现的科学。它是计算机科学的一个分支领域与应用方向，主要关注数字合成与操作视觉的图形内容。广义地讲，计算机图形学不仅包含了从三维图形建模、绘制到动画的过程，也包含了对二维矢量图形以及图像视频融合处理的研究。

计算机图形学经过将近40年的发展，已进入较为成熟的发展期。其主要应用领域包括计算机辅助设计与加工，影视动漫，军事仿真，医学图像处理，气象、地质、财经和电磁等的科学可视化等。由于计算机图形学在这些领域的成功运用，特别是在迅猛发展的动漫产业中的应用，带来了可观的经济效益。动漫产业是各国优先发展的绿色产业，具有高科技、高投入与高产出等特点。

4. 图形和图像的区别

广义地讲，凡是能在人的视觉系统中形成视觉印象的客观对象均可称为图形。图形和图像的区别如下。

（1）图形是矢量的概念。它的基本元素是图元，也就是图形指令；而图像是位图的概念，它的基本元素是像素。图像显示更逼真，而图形则更加抽象，仅有线、点、面 等元素。

（2）图形的显示过程是依照图元的顺序进行的，而图像的显示过程是按照位图中所安排的像素顺序进行的，与图像内容无关。

（3）图形可以进行变换且无失真，而图像变换则会发生失真。例如，当图像被放大时，其边界会产生阶梯效应，即通常所说的锯齿。

（4）图形能以图元为单位单独进行属性修改、编辑等操作；而图像则不行，因为在图像中并没有关于其内容的独立单位，只能对像素或图像块进行处理。

（5）图形实际上是对图像的抽象，在处理与存储时均按图形的特定格式进行，一旦显示在屏幕上，它就与图像没有什么区别了。在抽象过程中，会丢失一些原型图像信息。换句话说，图形是更加抽象的图像。

3.1.2　计算机图形学的主要研究内容

计算机图形学的主要研究内容是建模、渲染、动画、人机交互等。

1. 建模（Modeling）

要在计算机中表示一个三维物体，首先就要有它的几何模型表达。因此，三维模型的建模是计算机图形学的基础，是其他内容的前提。表达一个几何物体，可以用数学上的样条函数或隐式函数来表达；也可以用光滑曲面上的采样点及其连接关系所表达的三角网格来表达（即连续曲面的分片线性逼近）。

三维建模方法主要包含如下一些方法。

（1）计算机辅助设计（CAD）：CAD 中的主流方法是采用非均匀有理 B-样条（Non-Uniform Rational B-Splines，NURBS）、Bezier 曲线曲面等方法（已成为 CAD 工业领域的标准），这也是计算机辅助几何设计（Computer Aided Geometric Design，CAGD）所研究的主要内容。此类表达方法有一些难点问题仍未解决，如非正规情况下的曲面光滑拼合、复杂曲面表达等。这部分涉及的数学内容比较多，国内研究这方面的学者比较多些。

细分曲面（Subdivision Surface）造型方法，作为一种离散迭代的曲面构造方法，由于其构造过程朴素简单以及实现容易，所以是一个方兴未艾的研究热点。经过十多年的研究发展，细分曲面造型取得了较大的进展，包括奇异点处的连续性构造方法以及与 GPU 图形硬件相结合的曲面处理方法。

（2）利用软件的直接手工建模。现在主流的商业化的三维建模软件有 3DS Max 和 Maya。其他还有面向特定领域的商业化软件，如面向建筑模型造型的 Google Sketchup，面向 CAD/CAM/CAE 的 CATIA 和 AutoCAD，面向机械设计的 SolidWorks，面向造船行业的 Rhino 等。这些软件需要建模人员具有较强的专业知识，而且需要一定时期的培训才能掌握，建模效率低而学习门槛高，不易于普及和让非专业用户使用。

（3）基于笔划或草图交互方式的三维建模方法。草图交互方式由于符合人类原有日常生活中的思考习惯，交互方式直观简单，所以是最近几年研究的热点建模方法。其难点是根据具体的应用场合，如何正确地理解和识别用户的交互所表达的语义，构造出用户所希望的模型。

（4）基于语法及规则的过程式建模方法。该方法特别适合具有重复特征和结构化的几何物体与场景，如建筑、树木等，近几年有较多的论文及较大的发展。

（5）基于图像或视频的建模方法。基于图像或视频的建模是传统的计算机视觉所要解决的基本问题。在计算机图形学领域，这方面的发展也很迅速。有一些商业化软件或云服务

（如 Autodesk 的 123D），已经能从若干张照片中重建出所拍摄物体的三维模型。该方法的问题是需要物体本身已经存在，而且重建的三维模型的精度有限。

（6）基于扫描点云（深度图像如 Kinect、结构光扫描、激光扫描、LiDAR 扫描等）的建模方法。随着深度相机的出现及扫描仪价格的迅速下降，人们采集三维数据变得容易，从采集到的三维点云来重建（Reconstruction）三维模型的工作在最近几年的 SIGGRAPH（Asia）会议上经常见到。但是，单纯的重建方式存在精度低、稳定性差和运算量大等缺点，远不能满足实际的需求。

（7）基于现有模型来合成建模的方法。随着三维模型的逐渐增多，可以利用现有的三维模型并通过简单的操作，例如粘贴和复制，或者分析及变形等手段，来拼接或合成新的三维模型。这种通过"学习"模型数据库的知识来进行建模的手段在近 3~5 年里炙手可热。从某方面来讲，就是"大数据时代"背景下计算机图形学领域中的一个具体的表现。

除了上述的建模方法，还有其他建模方法，此处不再一一列举。

在对三维几何模型的构建过程中，还会涉及很多需要处理的几何问题，如数据去噪（Denoising or Smoothing）、补洞（Repairing）、简化（Simplification）、层次细节（Level of Detail）、参数化（Parameterization）、变形（Deformation or Editing）、分割（Segmentation）、形状分析及检索（Shape Analysis and Retrieval）等。这些问题构成"数字几何处理"的主要研究内容。

2. 渲染（Rendering）

有了三维模型或场景，如何把这些三维几何模型画出来，产生赏心悦目的真实感图像？这就是传统的计算机图形学的核心任务，在 CAD、影视动漫以及各类可视化应用中都对图形渲染结果的高真实感提出了很高的要求。

20 世纪 80—90 年代关于这方面的研究比较多，包含了大量的渲染模型，其中包括局部光照模型（Local Illumination Model）、光线跟踪算法（Ray Tracing）、辐射度（Radiosity）等，以及到后面的更为复杂、真实、快速的渲染技术，如全局光照模型（Global Illumination Model）、Photo Mapping、双向反射分布函数（Bidirectional Reflectance Distribution Function，BRDF）以及基于 GPU 的渲染技术等。

现在的渲染技术已经能够将各种物体，包括皮肤、树木、花草、水、烟雾、毛发等渲染得非常逼真。一些商业化软件（如 Maya，Blender，Pov Ray——一个使用光线跟踪绘制三维图像的开放源代码免费软件等）也提供了强大的真实感渲染功能，在计算机图形学研究论文中作图要经常用到这些工具来渲染漂亮的展示图或结果图。

然而，已知的渲染实现方法仍无法实现复杂的视觉特效，距离实时的高真实感渲染还有很大差距，如完整地实现适于电影渲染（高真实感、高分辨率）制作的 RenderMan 标准，以及其他各类基于物理真实感的实时渲染算法等。因此，如何充分利用图形处理器（Graphics Processing Unit，GPU）的计算特性，结合分布式的集群技术，来构造低功耗的渲染服务是发展趋势之一。

3. 动画（Animation）

所谓动画，就是使一幅图像"活"起来的过程。使用动画可以清楚表现出一个事件的过程，或是展现一个活灵活现的画面。动画是一门通过在连续多格的胶片上拍摄一系列单个画面，从而产生动态视觉的技术和艺术，这种视觉是通过将胶片以一定的数率放映体现出来的。

实验证明：动画和电影的画面刷新率为 24 帧/s，即每秒放映 24 个画面，则人眼看到的是连续的画面效果。

计算机动画是指采用图形与图像的处理技术，借助编程或动画制作软件生成一系列的景物画面，其中当前帧是前一帧的部分修改。计算机动画是采用连续播放静止图像的方法产生物体运动的效果。其借助编程或动画制作软件生成一系列的景物画面，是计算机图形学的研究热点之一。

计算机动画的研究内容包括人体动画、关节动画、运动动画、脚本动画、具有人的意识的虚拟角色的动画系统等。另外，高度物理真实感的动态模拟，包括对各种形变、水、气、云、烟雾、燃烧、爆炸、撕裂、老化等物理现象的真实模拟，也是动画领域的主要问题。这些是各类动态仿真应用的核心技术，可以极大地提高虚拟现实系统的沉浸感。计算机动画的应用领域广泛，包括动画片制作，广告、电影特技，训练模拟，物理仿真，游戏等。

计算机动画分为二维动画和三维动画。也就是指计算机动画的二维与三维。二维动画：平面上的画面。纸张、照片或计算机屏幕显示，无论画面的立体感有多强，终究是二维空间上模拟真实三维空间效果。三维动画：画中的景物有正面、侧面和反面。调整三维空间的视点，能够看到不同的内容。

4. 人机交互（Human-Computer Interaction，HCI）

人机交互是指人与计算机之间以一定的交互方式或交互界面，来完成确定任务的人与计算机之间的信息交换过程。简单地讲，就是人如何通过一定的交互方式告诉计算机来完成他所希望完成的任务。

计算机图形学的顶级会议 SIGGRAPH 是 Special Interest Group on GRAPHics and Interactive Techniques 的缩写，缩写中只突出了 Graphics，而忽略了 Interactive Techniques，长时间没有得到计算机图形学研究的重视。后来，包括在 SIGGRAPH 会议上，以及人机交互的顶级会议 SIGCHI（Special Interest Group on Computer-Human Interaction）上，陆续出现了许多新兴的人机交互技术及研究论文。

在早期（20 世纪 60—70 年代），只有以键盘输入的字符界面；到了 20 世纪 80 年代，以 WIMP（窗口、图符、菜单、鼠标）为基础的图形用户界面（Graphical User Interface，GUI）逐渐成为当今计算机用户界面的主流。

近年来，以用户为中心的系统设计思想，增进人机交互的自然性，提高人机交互的效率是用户界面的主要研究方向。于是，陆续提出了多通道用户界面的思想，它包括语言、姿势输入、头部跟踪、视觉跟踪、立体显示、三维交互技术、感觉反馈及自然语言界面等。事实上，人体的表面本身就是人机界面。人体的任何部分（姿势、手势、语言、眼睛、肌肉电波、脑电波等）都可以成为人机对话的通道。例如，2010 年微软推出的 Kinect 就是一种无须任何操纵杆的、基于体感的人机界面，用户本身就是控制器。Kinect 在微软的 Xbox 游戏上取得了极大的成功，之后在其他方面也得到了很多的应用。

特别是到了 2013 年，人机交互设备有了巨大的发展，各种自然的交互手段层出不穷，极大地丰富了用户与机器交互的体验，方便了用户的操作，轻松表达了用户的交互意图。值得关注的人机交互设备还有：利用放在键盘和显示器之间的小小金属棒，就能让任何一位用户通过简单的手势完成人机交互的体感控制器（Leap Motion）；能在用户挥动并指向屏幕时测量各种肌肉产生的电活动来完成交互的 MYO 腕带；眼镜上配置强大的计算机和显示器

Google Glass；3D 打印（3D Printer）；玩具和机器人公司 Wobble Works 开发的全球首款"3D 打印笔"3Doodler；苹果公司推出的一款智能手表 Apple iWatch；还有其他很多新的人机交互类的电子科技产品，如透明手机，可折叠的屏幕，具有气味和触感反馈的头盔等。

除上述介绍的人机交互设备外，美国麻省理工学院（Massachusetts Institute of Technology，MIT）对情感计算进行全方位研究，开发研究情感机器人以实现人机融合。马斯克旗下的 Neuralink 公司，通过一段公开视频，显示了该公司研发的芯片，于 2019 年试验成功，让猴子在进行神经链接后，可以和人类一样玩游戏。如今，马斯克认为时间已经成熟了，从目前智能芯片的技术层面来看，已经可以在人类的大脑中进行试验了。Neuralink 公司给出的解释，这种智能芯片在植入大脑后，可以读写大脑的各种活动，并且通过和计算机相连接，从而通过下达指令，让人在智能芯片的帮助下，完成更多的事情。很多研究者都认为，人类极可能在 21 世纪末之前实现永生。当然，这种永生事实上是具有很大争议的，因为所谓的永生，并不是指人类通过不死的肉身来实现永生，而是将自己的意识存储到一块小小的芯片上，之后将这个芯片植入超级智能体内，或者全部上传到超级电脑中，通过"意识体"的形式，来实现永生。

由此可见，以前在科幻电影里出现的"神器"逐渐被实现，计算机图形学及相关技术在其中发挥了重要的作用。同时，这些设备的出现，带给了计算机图形学领域更多的探索方向和机会。

3.2　图形流水线

本节将介绍图形流水线的概念及组成、关键步骤以及主要功能。图形流水线是计算机图形学的概念模型，是描述那些图形系统需要执行的将 3D 场景渲染到 2D 屏幕的步骤。

3.2.1　"图形流水线"概念的引出

对于一个复杂工程，使用管线结构比使用非管线结构可以得到更大的吞吐量。管线结构的整体速度是以管线中最慢的那个阶段决定的。

简单理解：在计算机中将 3D 模型转化为屏幕上的图像需要经过一系列的处理步骤，这些处理步骤就是图形流水线。1992，美国硅图公司（Silicon Graphics，SGI）发布 OpenGL 1.0，图形流水线逐渐成为业界标准。1994 年出现 PC 显卡，1999 年出现 GPU，图形流水线逐渐硬化到了 PC 用的图形硬件上来实现。

1. 图形流水线简介

图形流水线（Graphics Pipeline），即计算机图形流水线、渲染管线，或者称为图形管线，是计算机图形学的概念模型，是描述那些图形系统需要执行的将 3D 场景渲染到 2D 屏幕的步骤。简单地说，一旦创建了 3D 模型，那么在视频游戏或任何其他 3D 计算机动画中，图形流水线就是将该 3D 模型转换成计算机显示的过程。由于此操作所需的步骤高度依赖所使用的软件和硬件，以及所需的显示特性，因此不存在适用于所有情况的通用图形流水线。然而，创建了诸如 Direct3D 和 OpenGL 之类的图形应用程序接口（Application Programming Interface，API）来统一类似的步骤并控制给定硬件加速器的图形流水线。基本上，这些 API

抽象底层硬件，并使程序员远离编写一些艰难的代码来操纵图形硬件加速器（NVIDIA/AMD/Intel 等）。

三维真实或人造世界是大多数现代计算机游戏中非常常见的一部分。该渲染是从抽象的数据创建可见图像的过程。

图形管道的模型通常用于实时渲染。通常情况下，大多数流水线步骤都是以硬件实现的，可以进行特殊优化。术语"管道"在处理器中与管道类似地使用：管道的各个步骤并行运行，先完成的步骤会被阻止，直到最慢的步骤完成。

3D 管道，通常指的是最常见的计算机 3D 渲染形式。3D 多边形渲染，不同于光线追踪和射线投射。特别地，3D 多边形呈现与光线投射算法（Ray Casting）类似。在射线投射中，射线起始于相机所在的位置，如果该光线撞击了一个表面，则计算射线命中的表面上的点的颜色和点亮。在 3D 多边形渲染中，反向发生，计算出相机视野中的区域，然后从摄像机的每个表面的每个部分创建光线，并追溯到相机。

简单地说，在计算机中将 3D 模型转化为屏幕上的图像需要经过一系列处理步骤，这些处理的步骤就是图形流水线。

2. 图形流水线的组成

图形流水线可以分为 3 个主要组成部分：应用程序、几何图形和栅格化。

如图 3-1 所示，从应用程序（Application）中处理成为几何图形（Geometry），然后将几何图形栅格化（Rasterization），最后输出到屏幕（Screen）。

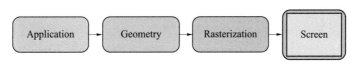

图 3-1　图形流水线示意

1）应用程序（Application）

应用程序阶段是通过软件实现的，开发者能够对该阶段进行完全控制，可以通过改变实现方式来改进实际性能。这个阶段是属于一切可以手动操控的阶段。

这一阶段主要完成诸如建模、碰撞检测、动画、力反馈、人机交互，以及一些不在其他阶段执行的计算。在应用步骤中，根据需要对场景进行更改，例如，由用户通过输入设备进行交互或在动画中进行交互。

通常使用诸如四分树（Quadtrees）或八叉树（Octrees）之类的空间细分方案的碰撞检测、动画、变形和加速技术作为应用步骤中完成的任务的示例，这些也用于减少给定时间所需的主存储量。

在应用程序阶段末端，将需要绘制的几何体输入图形流水线的下一阶段。这些几何体都是绘制图元（如点、线、三角形等），最终需要在输出设备上显示出来。这就是应用程序阶段最重要的任务。

对于其他阶段，由于其全部或部分是建立在硬件基础上的，因此要改变实现过程是比较困难的。但应用程序阶段可以改变几何图形和栅格化阶段所消耗的时间，例如可以设法减少传递给几何图形阶段的三角片数量。

由于应用程序阶段是基于软件方式实现的，因此不能像几何图形和栅格化阶段那样分成若干个子阶段。但是为了提高性能，可以使用并行处理器进行加速。

2）几何图形（Geometry）

这一阶段通常由 GPU 进行，GPU 会读取应用程序阶段编辑的所有三维信息（即渲染图元）进行运算，决定多边形绘制的方式。这一阶段为转化为几何图形，它负责广大运营的多边形及其顶点等任务。这取决于这些任务如何被组织为实际并行流水线步骤的具体实现。

顶点：一个顶点（复数：顶点）是世界上的一个点。许多点用于连接表面。在特殊情况下，直接绘制点云，但这仍然是例外。

三角形：三角形是最常见的几何图元的计算机图形。它由其三个顶点和法向量定义，法向量用于表示三角形的前面，并且是垂直于表面的向量。三角形可以具有颜色或纹理（图像"胶合"在其顶部）。三角形总是存在于单个平面上，因此它们优于矩形。

3）栅格化（Rasterization）

这一阶段就是读取上一阶段的运算结果，逐像素绘制图像。在光栅扫描过程中，所有图元光栅化（也称栅格化），所以离散的片段从连续表面创建。

在图形流水线的这个阶段，为了有更大的独特性，网格点也被称为片段。每个片段对应帧缓冲器中的一个像素，并且对应屏幕的一个像素。这些像素可以着色（并可能被照亮）。此外，在重叠多边形的情况下，需要确定更接近观察者片段的可见。通常使用 Z 缓冲器进行所谓的隐藏表面测定。碎片的颜色取决于可见原始物的照明、纹理和其他材料属性，并且通常使用三角形顶点属性进行内插。如果可用，则片段着色器（也称为像素着色器）在对象的每个片段的栅格化步骤中运行。如果一个片段是可见的，现在可以使用透明度或多次采样来将图像中已有的颜色值混合在一起。在该步骤中，一个或多个片段变成像素。

为了防止用户看到原始图像的逐渐栅格化，会发生双重缓冲，栅格化在特殊的存储区中进行。一旦图像完全被扫描，它被复制到图像存储器的可见区域。

3. 图形流水线的关键步骤

图形流水线是 GPU 工作的通用模型。它以某种形式表示的三维场景为输入，输出二维的光栅图像（Raster Images）到显示器，也就是位图。下面依次解释图形流水线中的关键步骤。

（1）图形流水线的起点是一个三维模型。这个三维模型可以是用软件设计出的三维游戏人物，也可以是在逆向工程（Reverse Engineering）中用激光扫描仪（Laser Scanner）等设备采集的顶点（Vertices）。无论是何种模型，在计算机处理之前都一定要经过采样而得到有限的离散的顶点，每个顶点都可以被一个向量描述为一个三维坐标系里的点。这些可以用来描述三维模型的顶点组成了点云（Point Cloud）。如果采样频率足够高，则得到的顶点就可以足够细致地描述模型的表面。例如，可用激光扫描仪采集的一个办公室的点云。点云分辨率越高，越能真实地拟合出三维场景。点云中的点可以由一张列表表示，列表中的每一项是某点的三维坐标值。同时，列表中的每一点都带有该点的颜色信息，例如可以用红绿蓝（RGB）向量来表示。这张顶点列表（Point List）即是流水线的输入数据，从起点进入流水线。

（2）顶点可以用来形成多边形，从而拟合出近似的表面。由顶点形成多边形最常用的一种方法是三角化（Triangulation），即每相邻的 3 个点组成一个三角形。接下来每个顶点要经过一系列的逐顶点操作（Per-Vertex Operation），例如，计算每个顶点的光照，每个顶点的坐标变换等。

（3）由于显示输出的需要，用户会定义一个视口（View Port），即观察模型的位置和角度。然后，模型被投影到与视口观察方向垂直的平面上。这个投影变换（Projection Transformation）也是由硬件加速的。根据视域的大小，投影的结果有可能被裁剪（Clipping）掉一部分。

（4）接受模型投影的平面是一个帧缓存（Frame Buffer），它是一个由像素（Pixels）定义的光栅化平面。光栅化的过程，实际上就是决定帧缓存上的哪些像素该取怎样的值。通过采样和插值，光栅化器（Rasterizer）会决定一幅最接近原投影图像的位图。

（5）这些像素或由像素连成的片段还须经历一些逐片段操作（Per - Fragment Operation）。也就是说，它们的颜色也可以根据算法改变。另外，纹理映射（Texturing 或 Texture Mapping）在这一阶段也会覆盖某些像素的值。除此之外，对于投影和光栅化的结果，还要判断片段的可见性，也就是遮挡探测（Occlusion Detection）。

（6）最终帧缓存里的结果被刷新到显示器上。该过程以较高的帧频率重复，这样用户就能在显示器上看到连续的图形变换。

这个过程可以简要地表示为如图 3-2 所示的图形流水线。从顶点列表到最终显示，三维模型主要经历了逐顶点操作、投影变换、裁剪、光栅化和逐片段操作，最后输出显示。随着日益复杂的图形处理要求和不断完善的硬件加速性能，有越来越多的功能被添加到图形流水线中，图 3-2 只概括了图形流水线的基本功能。

图 3-2　简化的图形流水线示意

3.2.2　图形流水线的功能及总览

一个固定、完整的图形流水线如图 3-3 所示，应包括如下 10 个阶段。

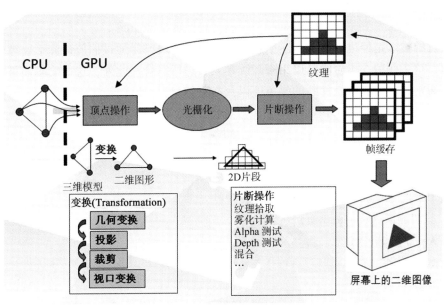

图 3-3　图形流水线总览

1. 顶点变换（**Vertex Transformation**）

这里一个顶点是一个信息集合，包括空间中的位置、顶点的颜色、法线（自一直线或一平面上一点，引直线或平面的垂线，称为该点的"法线"；一曲线或一曲面上某点的切线或切面在该点的垂线，为该点的法线）、纹理（既包括通常意义上物体表面的纹理即使物体表面呈现凹凸不平的沟纹，又包括在物体的光滑表面上的彩色图案，通常更多地称为花纹）坐标等。这一阶段的输入是独立的顶点信息，固定功能流水线在这一阶段通常对顶点进行如下工作：

（1）顶点位置变换；

（2）为每个顶点计算光照；

（3）纹理坐标的生成与变换。

2. 图元组合和光栅化（**Primitive Assembly and Rasterization**）

此阶段的输入是变换后的顶点和连接信息（Connectivity Information）。连接信息告诉图形流水线顶点如何组成图元（三角形、四边形等）。此阶段还负责视景体（View Frustum）裁剪和背面剔除。

光栅化决定了片断（Fragment），以及图元的像素位置。这里的片断是指一块数据，用来更新帧缓存（Frame Buffer）中特定位置的一个像素。一个片断除了包含颜色，还包含法线和纹理坐标等属性，这些信息用来计算新的像素颜色值。

本阶段的输出包括：

（1）帧缓存中片断的位置；

（2）在顶点变换阶段计算出的信息对每个片断的插值。

此阶段利用在顶点变换阶段算出的数据，结合连接信息计算出片断的数据。例如，每个顶点包含一个变换后的位置，当它们组成图元时，就可以用来计算图元的片断位置。另一个例子是使用颜色，如果多边形的每个顶点都有自己的颜色值，那么其内部片断的颜色值就是各个顶点颜色插值得到的。

3. 片断纹理化和色彩化（**Fragment Texturing and Coloring**）

此阶段的输入是经过插值的片断信息。在前两个阶段已经通过插值计算了纹理坐标和一个颜色值，这个颜色在本阶段可以用来和纹理元素进行组合。此外，这一阶段还可以进行雾化计算。通常最后的输出是片断的颜色值以及深度信息。

4. 光栅操作（**Raster Operations**）

此阶段的输入包括：

（1）像素位置；

（2）片断深度和颜色值。

在这个阶段对片断进行一系列的测试，包括：

（1）剪切测试（Scissor Test）；

（2）Alpha 测试；

（3）模板测试；

（4）深度测试。

如果测试成功，则根据当前的混合模式（Blend Mode）用片断信息来更新像素值。

注意：混合只能在此阶段进行，因为片断纹理化和色彩化阶段不能访问帧缓存。帧缓存只能在此阶段访问。

5. 取代固定的功能（**Replacing Fixed Functionality**）

现在的显卡允许程序员自己编程实现上述图形流水线中的两个阶段：

（1）顶点 shader（着色程序）实现顶点变换阶段的功能；

（2）片断 shader 替代片断纹理化和色彩化的功能。

6. 顶点处理器（**Vertex Processor**）

顶点处理器用来运行顶点 shader。顶点 shader 的输入是顶点数据，即位置、颜色、法线等。

顶点处理器可以运行程序实现如下功能：

（1）使用模型视图矩阵以及投影矩阵进行顶点变换；

（2）法线变换及归一化；

（3）纹理坐标的生成和变换；

（4）逐顶点或逐像素光照计算；

（5）颜色计算。

不一定要完成上面的所有操作，如程序可能不使用光照。但是，一旦使用了顶点shader，顶点处理器的所有固定功能都将被替换。因此，不能只编写法线变换的 shader 而指望固定功能帮你完成纹理坐标生成。

从前面已经知道，顶点处理器并不知道连接信息，因此这里不能执行拓扑信息有关的操作。例如，顶点处理器不能进行背面剔除，它只是操作顶点而不是面。

顶点 shader 至少需要一个变量：gl_Position，通常要用模型视图矩阵以及投影矩阵进行顶点变换。顶点处理器可以访问 OpenGL 状态，所以可以用来处理材质和光照。最新的设备还可以访问纹理。

7. 片断处理器（**Fragment Processor**）

片断处理器可以运行片断 shader，这个单元可以进行如下操作：

（1）逐像素计算颜色和纹理坐标；

（2）应用纹理；

（3）雾化计算；

（4）如果需要逐像素光照，则可以用来计算法线。

片断处理器的输入是顶点坐标、颜色、法线等计算插值得到的结果。在顶点 shader 中对每个顶点的属性值进行了计算，现在将对图元中的每个片断进行处理，因此需要插值的结果。

如同顶点处理器一样，当编写片断 shader 后，所有固定功能将被取代，所以不能使用片断 shader 对片断材质化，同时用固定功能进行雾化。程序员必须编写程序实现需要的所有效果。

片断处理器只对每个片断独立进行操作，并不知道相邻片断的内容。类似顶点 shader，必须访问 OpenGL 状态，才可能知道应用程序中设置的雾颜色等内容。

一个片断 shader 有以下两种输出：

（1）抛弃片断内容，什么也不输出；

（2）计算片断的最终颜色（gl_FragColor），当要渲染到多个目标时计算 gl_FragData。

还可以写入深度信息，但在第三阶段已经算过了，所以没有必要。

需要强调的是，片断 shader 不能访问帧缓存，所以混合这样的操作只能发生在这之后。

8. 裁剪（Clipping）

最后由于最终显示的屏幕是一个平面，所以为了表现眼睛看物体近大远小，通过一个视锥体来表示相机坐标系中看到的区域，然后通过投影变换（Projection Matrix）把相机坐标系中的视锥体变换成立方体区域，也称为齐次裁剪空间。注意这里的立方体还不是最终屏幕上视口的大小，而是一个 $xy(-1,1)$、$z(0,1)$ 的区域。

顶点变换最终变换到一个 $(-1, 1)$、$(0, 1)$ 的一个立方体区域，区域外的三角形不可见，可以直接剔除，而对于部分在立方体内的三角形，则需要切割，并把外面的剔除，注意此时坐标还在齐次空间以保留线性关系。此阶段还会做的工作是背面消隐。由于一般物体都只能看到外面，看不到内部，因此会指定三角形的顺时针或逆时针为正向，对于反向面向相机的面片则可以直接剔除。由于我们已经变换到立方体区域，所以此时只要判断法向量中的 z 值大于 0 或小于 0 即可。

9. 视口变换（View Port Transformation）

投影变换后，绘制的模型区域是在一个立方体区域内，与最终绘制的屏幕视口还需要平移和缩放。此阶段将立方体映射到屏幕的视口中铺满。

10. 绘制目标（Draw Target）

绘制目标不一定是屏幕，即使是屏幕，在这里一般也不是直接写入用于显示的内存块，而是写入一个交换链的准备缓存，等这一次绘制全部完成后再用一次交换操作整块复制或翻转用于显示。很多情况下，绘制的结果不用于直接的屏幕显示，而是写入一个帧缓存，该缓存可以被应用程序读取并用于后续的操作。

3.3　基础图形库——OpenGL 和 D3D

OpenGL 是跨平台的应用程序接口业界的一种标准。它与平台的无关性使它比 DirectX 更易于开发移植性强的应用程序。Direct3D 在游戏界占优，其他的三维图形库都构建在 OpenGL 或 Direc3D 基础之上，如 OSG、OGRE、freeGlut 等。OpenGL 用 C 语言编写通用 API，被多种语言绑定（如 C#、Python、Java 等）。

本节将介绍 OpenGL 中的图形流水线、基础图形库 OpenGL 和 Direct3D 的区别。

3.3.1　何为 OpenGL

1. OpenGL 的概念

OpenGL 是指定义了一个跨编程语言、跨平台的编程接口规格的专业图形程序接口。它用于三维图像（二维的亦可），是一个功能强大、调用方便的底层图形库。

OpenGL 是行业领域中最为广泛接纳的二维/三维图形 API，其自诞生至今已催生了各种计算机平台及设备上的数千优秀应用程序。OpenGL 是独立于视窗操作系统或其他操作系统的，亦是网络透明的。在包含 CAD、内容创作、能源、娱乐、游戏开发、制造业、制药业及虚拟现实等行业领域中，OpenGL 帮助程序员实现在 PC、工作站、超级计算机等硬件设备上的高性能、极具冲击力的高视觉表现力图形处理软件的开发。

2. OpenGL 的发展历程

OpenGL 的前身是 SGI 为其图形工作站开发的 IRIS GL。IRIS GL 是一个工业标准的 3D 图形软件接口，其功能虽然强大但是移植性不好，于是 SGI 便在 IRIS GL 的基础上开发了 OpenGL。OpenGL 的英文全称是 "Open Graphics Library"，顾名思义，OpenGL 就是 "开放的图形程序接口"。虽然 DirectX 在家用市场全面领先，但在专业高端绘图领域，OpenGL 是不能被取代的主角。

OpenGL 的发展一直处于一种较为迟缓的态势，每次版本的提高新增的技术很少，大多只是对其中部分技术做出修改和完善。1992 年 7 月，SGI 发布了 OpenGL 的 1.0 版本，随后又与微软公司共同开发了 Windows NT 版本的 OpenGL，从而使一些原来必须在高档图形工作站上运行的大型 3D 图形处理软件也可以在微型计算机上运用。1995 年，OpenGL 的 1.1 版本面市，该版本比 1.0 的性能提高了许多，并加入了一些新的功能，其中包括改进打印机支持，在增强元文件中包含 OpenGL 的调用，顶点数组的新特性，提高顶点位置、法线、颜色、色彩指数、纹理坐标、多边形边缘标识的传输速度，引入了新的纹理特性等。OpenGL 1.5 又新增了 "OpenGL Shading Language"，该语言是 OpenGL 2.0 的底核，用于着色对象、顶点着色以及片断着色技术的扩展功能。

随着 DirectX 的不断发展和完善，OpenGL 的优势逐渐丧失，至今虽然已有 3Dlabs 提倡开发的 2.0 版本面世，且其中加入了很多类似于 DirectX 中可编程单元的设计，但厂商和用户的认知程度并不高。

3. OpenGL 的特点功能

从 1992 年以来，作为一种跨平台的应用程序接口，OpenGL 一直是业界的标准。它与平台的无关性使它比 DirectX 更易于开发移植性强的应用程序。

OpenGL 可以运行在几乎所有的主流操作系统上。而这里的平台无关性，不仅针对操作系统，还指 GPU。整合出一套高性能，且与硬件无关的 API 不是一件容易的事。不同的硬件有不同的设计细节和性能特色，这些特色常常体现在底层的硬件实现上。若仅针对有限的几款 GPU 来优化接口，那么 API 的平台无关性就会受到影响。因此，对于通用接口来说，性能和通用性是相互矛盾的。OpenGL 的设计理念是，它尽可能提供对 GPU 更底层的硬件访问，同时保证接口的平台无关性。也正是由于 OpenGL 这样的业界标准的存在，促使 GPU 制造商在开发硬件功能时，会考虑到标准的接口，从而使图形设备的差异最小化。

OpenGL 用 C 语言编写，但作为一个通用 API，它已经被多种编程语言绑定，这也是使用 OpenGL 易于开发的原因之一。表 3-1 列出了一些 OpenGL 的绑定。

表 3-1　一些 OpenGL 的绑定

语言	绑定名称	语言	绑定名称
Ada	AdaOpenGL	Mercury	Prolog Mtogl
BlitzMax	其标准库即支持 OpenGL	Ocaml	GLCaml、LablGL 和 glMLite
C#	The Open Toolkit Library 和 Tao	Perl	POGL

语言	绑定名称	语言	绑定名称
D	OpenGraphicsLibrary	Visual Basic	ActiveX Control
Delphi	Dot	Pike	直接支持 OpenGL
Eiffel	EiffelOpenGL	PHP	PHPOpenGL
FORTRAN	f90gl	PureBasic	直接支持 OpenGL
FreeBASIC	直接支持 OpenGL	Python	PyOpenGL
Haskell	HOpenGL	Ruby	ruby-opengl
Java	JSR 231、JOGL 和 LWJGL	Scheme	opengl. egg、Gauche-gl
Common Lisp	cl-opengl	Smalltalk	Croquet SDK
Clojure	idiomatic opengl bindings for clojure	thinBasic	直接支持 OpenGL
Lua	Doris、LuaGL		

OpenGL 是一个与硬件无关的软件接口，可以在不同的平台如 Windows、UNIX、Linux、Mac OS、OS/2 之间进行移植。因此，支持 OpenGL 的软件具有很好的移植性，可以获得广泛的应用。由于 OpenGL 是图形的底层图形库，没有提供几何实体图元，所以不能直接用以描述场景。

但是，通过一些转换程序，可以很方便地将 AutoCAD、3DS/3DS Max 等 3D 图形设计软件制作的 DXF 和 3DS 模型文件转换成 OpenGL 的顶点数组。

在 OpenGL 的基础上还有 Open Inventor、Cosmo3D、Optimizer 等多种高级图形库，适应不同应用。其中，Open Inventor 应用最为广泛。该软件是基于 OpenGL 面向对象的工具包，提供创建交互式 3D 图形应用程序的对象和方法，提供了预定义的对象和用于交互的事件处理模块，创建和编辑 3D 场景的高级应用程序单元，具有打印对象和用其他图形格式交换数据的能力。

OpenGL 是一个开放的 3D 图形软件包，它独立于窗口系统和操作系统，以它为基础开发的应用程序可以十分方便地在各种平台间移植；OpenGL 可以与 Visual C++ 紧密接口，便于实现机械手的有关计算和图形算法，可保证算法的正确性和可靠性；OpenGL 使用简便，效率高。它具有以下 7 大功能。

（1）建模：OpenGL 图形库除了提供基本的点、线、多边形的绘制函数，还提供了复杂的三维物体（球、锥、多面体、茶壶等）以及复杂曲线和曲面绘制函数。

（2）变换：OpenGL 图形库的变换包括基本变换和投影变换。基本变换有平移、旋转、缩放、镜像 4 种变换，投影变换有平行投影（又称正射投影）和透视投影两种变换。其变换方法有利于减少算法的运行时间，提高 3D 图形的显示速度。

（3）颜色模式设置：OpenGL 颜色模式有两种，即 RGBA 模式和颜色索引（Color Index）。

（4）光照和材质设置：OpenGL 光有自发光（Emitted Light）、环境光（Ambient Light）、漫反射光（Diffuse Light）和高光（Specular Light）。材质是用光反射率来表示。场景（Scene）中物体最终反映到人眼的颜色是光的红、绿、蓝分量与材质红、绿、蓝分量的反射率相乘后形成的颜色。

（5）纹理映射（Texture Mapping）：利用 OpenGL 纹理映射功能可以十分逼真地表达物体表面的细节。

（6）位图显示和图像增强功能除了基本的复制和像素读写，还提供融合（Blending）、抗锯齿（反走样，Antialiasing）和雾（Fog）的特殊图像效果处理。以上 3 条可使被仿真物更具真实感，增强图形显示的效果。

（7）双缓存动画（Double Buffering）：双缓存即前台缓存和后台缓存。简言之，后台缓存计算场景、生成画面，前台缓存显示后台缓存已画好的画面。

此外，利用 OpenGL 还能实现深度暗示（Depth Cue）、运动模糊（Motion Blur）等特殊效果，从而实现消隐算法。在 OpenGL 设备运用上，目前瑞芯微 2918 芯片和英伟达芯片 Tegra2 就是采用 OpenGL 2.0 技术进行图形处理，而台电 T760 和微蜂 X7 平板电脑则是采用基于瑞芯微 2918 芯片方案的代表。

OpenGL 具有以下高级功能。

OpenGL 被设计为只有输出，所以它只提供渲染功能。其核心 API 没有窗口系统、音频、打印、键盘/鼠标或其他输入设备的概念。虽然这一开始看起来像是一种限制，但它允许进行渲染的代码完全独立于其运行的操作系统，允许跨平台开发。然而，有些整合于原生窗口系统的东西需要允许和宿主系统交互。这通过下列附加 API 实现：

＊GLX-X11（包括透明的网络）

＊WGL-Microsoft Windows

＊AGL-Apple MacOS

另外，GLUT（全称为 OpenGL Untility Tookit）库能够以可移植的方式提供基本的窗口功能。

3.3.2　OpenGL 中的图形流水线

图形流水线有不同的 API 来定义它们的功能，最主要的是 OpenGL 和 Direct3D，GPU 的发展与这两个 API 息息相关。每当有新的图形效果和算法被开发出来，它们就会被审核并加入 API，接着支持新的 API 的 GPU 也会很快上市。这一过程也可能是由硬件驱动的，即某一 GPU 制造商推出了某项功能，该功能会在稍后被图形 API 中某个新添加的接口函数来驱动。

OpenGL 定义的图形流水线符合图 3-2 所述的图形流水线模型。作为接口，它进一步定义了图形流水线中各功能与硬件之间的关系，以及实现这些功能的具体方法（函数）。图 3-4 表示了一个简化的 OpenGL 图形流水线，其中已经略去了与经典通用图形处理器（General-Purpose GPU，GPGPU）技术无关的模块。图形流水线的功能模块用箭头串起来，表示工序流动的方向。灰色的模块为可编程模块。当然，除图上所给出的模块之外，它还有其他的模块。

这里，除了我们已经熟悉的这条流水线，图 3-4 中还添加了另一个重要的模块——纹理缓存（Texture Buffer）。它的重要性在开始学习经典 GPGPU 后就会体现。这里，为了不使读者迷惑，暂且不提纹理缓存以及图中与它相连的两根带有箭头的连接线的意义。另外，在图中的最右方，即帧缓存之后少了显示输出的步骤。事实上，图 3-3 是针对 GPGPU 的，它略去了其他与 GPGPU 无关的功能，只包括了在使用经典 GPGPU 时要用到的部分。在用 GPU 做通用计算时，用户并不需要显示输出，所以 GPU 的计算结果并没有刷新到显示器上，

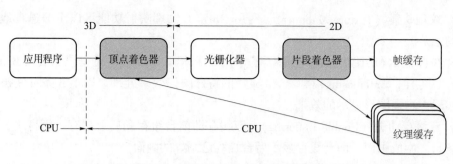

图 3-4　简化的 OpenGL 图形流水线

而是写入了纹理缓存，这与我们在使用 OpenGL 做计算机图形任务时有所不同。

从结构上来说，图 3-4 中的图形流水线模型从应用程序到帧缓存的部分同图 3-2 中的功能一一对应，只是 OpenGL 使用了不同的术语来指代这些图形流水线组件和硬件之间的对应关系。着色器，又称着色单元，实际上就是 GPU 的处理器。一般情况下，一个 GPU 会有多个处理器（几十个甚至几百个），它们同时工作，体现了 GPU 大规模并行处理的能力。进行几何计算的处理器称为顶点着色器，它负责对顶点进行坐标变换、投影变换等；进行片段的颜色处理的处理器称为片段着色器（Direct3D 中称其为像素着色器）。应用程序输入GPU 的是三维的点云数据。从图形流水线输入端到顶点着色器，其计算的对象都是三维几何模型；从光栅化器开始，所有的操作都是针对二维的像素了。

图 3-5 直观地总结了 OpenGL 中图形流水线的各个阶段。

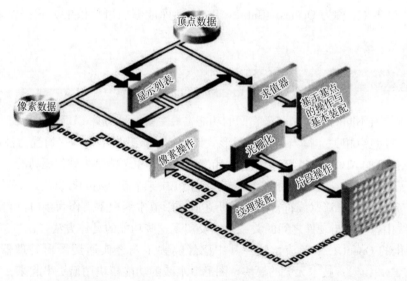

图 3-5　OpenGL 中图形流水线的各个阶段

3.3.3　Direct3D 及其与 OpenGL 的区别

1. Direct3D 概述

1）何为 Direct3D

Direct3D（简称 D3D）是微软公司在 Microsoft Windows 操作系统上所开发的一套 3D 绘

图编程接口，目前广为各家显卡所支援。与 OpenGL 同为计算机绘图软件和计算机游戏最常使用的两套绘图编程接口之一。

Direct3D 是基于微软的通用对象模式（Common Object Mode，COM）的 3D 图形 API。它是由微软一手树立的 3D API 规范，微软公司拥有该库版权，它所有的语法定义包含在微软提供的程序开发组件的帮助文件、源代码中。Direct3D 是微软公司 DirectX SDK 集成开发包中的重要部分，适合多媒体、娱乐、即时 3D 动画等广泛和实用的 3D 图形计算。自 1996 年发布以来，Direct3D 以其良好的硬件兼容性和友好的编程方式很快得到了广泛的认可，现在几乎所有的、具有 3D 图形加速的主流显卡都对 Direct3D 提供良好的支持。但它也有缺陷，由于是以 COM 接口形式提供的，所以较为复杂，稳定性差，另外，只在 Windows 平台上可用。Direct3D 界面如图 3-6 所示。

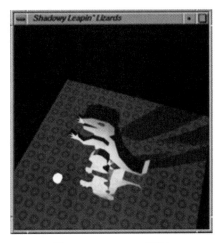

图 3-6　Direct3D 界面

2）Direct3D 的抽象概念

Direct3D 的抽象概念包括：Devices（设备）、Swap Chains（交换链）和 Resources（资源）。有以下 4 种设备类型（Device Type），D3DDEVTYPE 定义了设备类型。

HAL（Hardware Abstraction Layer）：支持硬件加速的设备。

Reference：应用程序请求一个 Reference 设备。

Null Reference：当系统没有装 SDK，但是应用程序请求一个 Reference 设备的时候，它就返回一个 Null Reference。

可插拔的软件（Pluggable Software）：设备通过 RegisterDevice（）设备方法提供。

每一个设备至少要有一个 Swap Chain。一个 Swap Chain 可用来产生一个或多个后备缓冲区矩形平面（Back Buffer Surfaces）。渲染目标（Render Target）也是 Back Buffer Surface。Back Buffer 属于渲染（Render）部分。所有的 Back Buffer 都是合理的 Render Target，但是并非所有的 Render Target 都是 Back Buffer。Surface 是一种资源，包含一个矩形集合的像素数据，如 Color、Alpha、Depth/Stencil（用模板印的文字或图案）。

资源有以下 4 个属性。

Type：资源的类型，如顶点缓冲区（Vexert Buffer），或者一个 Render Target。

Usage：资源的用途，如纹理（Texture）或 Render Target，由一系统的旗标（标记、单个整型值）组成，每个旗标占 1 bit。

Format：数据的格式，如一个二维表面的像素格式。例如，D3DFMT_R8G8B8 的值是一个 24 bits 的颜色深度（Colour Depth，8 bits 是红色，8 bits 绿色以及 8 bits 是蓝色）。

Pool：资源所分配的内部存储器空间类型。

3）Direct3D 有以下两种显示模式（display modes）

全屏模式（Fullscreen Mode）：全屏是指画面全部被 Direct3D 所占据，不会再显示其他视窗画面。目前市面上发展的游戏软件多采用此模式。

视窗模式（Windowed Mode）：指可以有多个视窗同时出现在屏幕上。

2. DirectX 与 OpenGL 的区别

DirectX 是微软公司专为 PC 游戏开发的 API，特点是与 Windows 操作系统兼容性好，可绕过图形设备接口（Graphics Device Interface，GDI）直接进行支持该 API 的各种硬件的底层操作，大大提高了游戏的运行速度。由于要考虑与各方面的兼容性，DirectX 在 3D 图形方面的效率比较低，而且用起来比较麻烦。

OpenGL 能够在 Windows、Mac OS、BeOS、OS/2 以及 UNIX 上应用的 API。程序员可用这个接口程序来直接访问由图形处理的硬件设备，从而产生高品质的 3D 效果。它除了提供许多图形运算功能，也提供了不少图形处理功能。由于 OpenGL 起步较早，一直用于高档图表工作站，其他 3D 图形功能很强，所以可最大限度地发挥 3D 芯片的巨大潜力。

OpenGL 仅仅是一个图形图像接口，基本不包括其他多媒体功能，它的优势是具有平台无关性。DirectX 则是基于 Windows 的，不能在 Mac OS、Linux 和 UNIX 上使用。

OpenGL 多用于专业高端绘图领域，DirectX 用于游戏较多，因为支持各种多媒体功能。

3.4 GPU 概念及发展

本节主要将介绍 GPU 的概念及其功能作用；GPU 与 CPU 的结构对比，GPU 中图形流水线及其功能的进化以及 GPU 编程的概念。

3.4.1 GPU 及其与 CPU 的对比

1. GPU 的概念

图形处理器（GPU），又称显示核心、视觉处理器、显示芯片，是一种专门在 PC、工作站、游戏机和一些移动设备（如平板电脑、智能手机等）上进行图像运算工作的微处理器。

GPU 的用途是将计算机系统所需要的显示信息进行转换驱动，并向显示器提供行扫描信号，控制显示器的正确显示，是连接显示器和 PC 主板的重要元件，也是"人机对话"的重要设备之一。显卡作为计算机主机里的一个重要组成部分，承担输出显示图形的任务，对于从事专业图形设计的人来说非常重要。

2. GPU 的功能和作用

显卡的处理器称为 GPU，它是显卡的"大脑"，用来处理屏幕显示相关的计算，并实现图形流水线。GPU 与 CPU 类似，只不过 GPU 是专为执行复杂的数学和几何计算而设计的，这些计算是图形渲染所必需的。

时下的 GPU 多数拥有 2D 或 3D 图形加速功能。如果 CPU 想画一个二维图形，只需要发一条指令给 GPU，例如"在坐标位置 (x, y) 处画一个 a（长）×b（宽）大小的长方形"，GPU 就可以迅速计算出该图形的所有像素，并在显示器指定位置处画出相应的图形，画完后就通知 CPU"我画完了"，然后等待 CPU 发出下一条图形指令。

有了 GPU，CPU 就从图形处理的任务中解放出来，可以执行其他更多的系统任务，这样可以大大提高计算机的整体性能。

GPU 会产生大量热量，所以它的上方通常安装有散热器或风扇。

GPU 也决定了该显卡的档次和大部分性能，也是 2D 显卡和 3D 显卡的区别依据。2D 显示芯片在处理 3D 图像与特效时主要依赖 CPU 的处理能力，称为软加速。3D 显示芯片是把 3D 图像和特效处理功能集中在显示芯片内，也就是所谓的"硬件加速"功能。显示芯片一般是显卡上最大的芯片（也是引脚最多的）。时下市场上的显卡大多采用 NVIDIA 和 AMD-ATI 两家公司的图形处理芯片。

GPU 已经不再局限于 3D 图形处理了，其通用计算技术发展已经引起业界不少关注，事实也证明，在浮点运算、并行计算等部分计算方面，GPU 可以提供数十倍甚至上百倍于 CPU 的性能，如此强悍的"新星"难免会让 CPU 厂商"老大"Intel 紧张，NVIDIA 和 Intel 也经常为 CPU 和 GPU 谁更重要而展开多次争论。GPU 在通用计算方面的标准目前有 OpenCL、CUDA、ATI STREAM。其中，OpenCL（Open Computing Language，开放运算语言）是第一个面向异构系统通用目的并行编程的开放式、免费标准，也是一个统一的编程环境，便于软件开发人员为高性能计算服务器、桌面计算系统、手持设备编写高效轻便的代码，而且其广泛适用于（多核心处理器 CPU）、GPU、Cell 类型架构以及数字信号处理器（Digital Signal Processor，DSP）等其他并行处理器，在游戏、娱乐、OpenCL 科研、医疗等各种领域中都有广阔的发展前景，AMD-ATI、NVIDIA 时下的产品都支持 OpenCL。

1985 年 8 月 20 日，ATI 公司成立，同年 10 月，ATI 使用应用型专用集成电路（Application Specific Integrated Circuits，ASIC）技术开发出了世界上第一款图形芯片和图形卡；1992 年 4 月，ATI 发布了 Mach32 图形卡，集成了图形加速功能；1998 年 4 月，ATI 被 IDC 评选为图形芯片工业的市场领导者，但那时候这种芯片还没有 GPU 的称号，很长的一段时间 ATI 都是把图形处理器称为视频处理单元（Video Processing Unit，VPU），直到 AMD 收购 ATI 之后其图形芯片才正式采用 GPU 的名字。

NVIDIA 公司在 1999 年发布 GeForce 256 图形处理芯片时首先提出 GPU 的概念。从此 NVIDIA 显卡的芯就用这个新名字"GPU"来称呼。GPU 使显卡削减了对 CPU 的依赖，并实行部分原本 CPU 的工作，特别是 3D 图形处理。GPU 所采用的核心技术有硬体 T&L、立方环境材质贴图与顶点混合、纹理压缩及凹凸映射贴图、双重纹理四像素 256 位渲染引擎等，而硬体 T&L 技术能够被称作 GPU 的标志。

3. GPU 与 CPU 的对比

中央处理器（Central Processing Unit，CPU）是一块超大规模的集成电路，是一台计算机的运算核心（Core）和控制核心（Control Unit）。它的功能主要是解释计算机指令以及处理计算机软件中的数据。

CPU 主要包括运算器，即算术逻辑运算单元（Arithmetic Logic Unit，ALU），和高速缓冲存储器（Cache）及实现它们之间联系的数据（Data）、控制及状态的总线（Bus）。它与内部存储器（Memory）和输入/输出（Input/Output，I/O）设备合称为电子计算机三大核心部件。

CPU 和 GPU 的最大不同在于设计目标，它们分别针对了两种不同的应用场景。CPU 既需要很强的通用性来处理各种不同的数据类型，又需要逻辑判断会引入大量的分支跳转和中断的处理。这些都使 CPU 的内部结构异常复杂。而 GPU 面对的则是类型高度统一的、相互无依赖的大规模数据和不需要被打断的纯净的计算环境。

于是 CPU 和 GPU 就呈现出非常不同的架构，其示意图如图 3-7 所示。

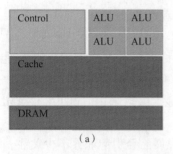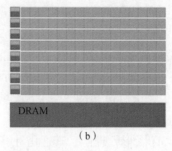

图 3-7　CPU 和 GPU 的架构示意图　　　　彩图请读者扫描观看
(a) CPU；(b) GPU

GPU 采用了数量众多的计算单元和超长的流水线，但只有非常简单的控制逻辑并省去了 Cache。而 CPU 不仅被 Cache 占据了大量空间，而且有复杂的控制逻辑和诸多优化电路，相比之下计算能力只是 GPU 很小的一部分。

CPU 的 Cache 和局部存储器（Local Memory）大于 GPU，而 GPU 的线程数（Threads）要大于 CPU。并且 GPU 的 SIMD Unit（单指令多数据流，它以同步方式，在同一时间内执行同一条指令）要大于 CPU。

CPU 是基于低延时的设计：它有强大的算术逻辑单元（Arithmetric Logic Unit，ALU），可以在很少的时钟周期内完成逻辑计算。CPU 可以达到 64 bit 双精度。执行双精度浮点运算的加法和乘法只需要 1～3 个时钟周期。CPU 的时钟周期的频率是非常高的，达到 1.532～3gigahertz（千兆赫兹，10^9）。将数据保存并放在缓存里面，当需要访问这些数据时，如果这些数据在之前被访问过，则直接在缓存里面获取即可。当程序含有多个分支的时候，它通过提供分支预测的能力来降低延时。

GPU 是基于大的吞吐量设计：GPU 的特点是有很多的 ALU 和很少的 Cache，缓存的目的不是保存后面需要访问的数据，这点和 CPU 不同，而是为线程提供服务。如果有许多线程需要访问同一个相同的数据，缓存会合并这些访问，然后去访问 DRAM（因为需要访问的数据保存在 DRAM 中而不是 Cache 里面），获取数据后 Cache 会转发这个数据给对应的线程。但是由于需要访问动态随机存取存储器（Dynamic Random Access Memory，DRAM），自然会带来延时的问题。

GPU 的控制单元（图 3-7 (b) 左边黄色区域块，即最左边列的每块上半块）可以把多个访问合并成数量较少的访问。

GPU 虽然有 DRAM 延时，却有非常多的 ALU 和线程。为平衡内存延时的问题，可以充分利用多的 ALU 的特性达到一个非常大的吞吐量的效果。尽可能多地分配多余的线程。

因此，与 CPU 擅长逻辑控制、串行运算、通用类型数据运算不同，GPU 擅长的是大规模并发计算，这也正是密码破解等所需要的。

3.4.2　GPU 中图形流水线功能的进化与 GPU 编程

1. GPU 中图形流水线及其功能的进化

细心的读者也许已经留意到，图 3-4 中的两个着色器模块被涂成了灰色。这是为了引入一个重要的概念：可编程图形流水线。支持可编程图形流水线的 GPU 就是可编程 GPU。2001 年之前，GPU 都是功能固定的，或者是可设置的（Configurable）。可编程 GPU 与它们最大的区别是，用户可以用自定义的算法来实现着色器的功能。在可编程图形流水线中，有两个模块是可以让用户加载自定义算法的，它们是顶点着色器和片段着色器。

2. GPU 编程

1）什么是 GPU 编程

针对 GPU 的高级编程语言（也就是为着色器编程的语言）称为着色语言（Shader Language），它们是实现复杂三维效果的关键，也是经典 GPGPU 技术的关键。而使用着色语言编写的程序称为着色程序（Shader Program）。

目前常用的着色语言主要有 3 种：基于 OpenGL 的 GLSL（OpenGL Shading Language，也称为 GLslang）；基于 Direct3D 的 HLSL（High Level Shading Language）；NVIDIA 的 Cg（C for Graphic）语言。

2）GPU 编程语言

（1）GLSL。

GLSL 从 OpenGL 1.4 起就一直伴随着 OpenGL，直到 OpenGL 2.0 开始正式成为 OpenGL 核心的一部分。作为 OpenGL 的正式成员，它继承了 OpenGL 的一切优点。首先，它具有平台无关性。GLSL 可以运行在所有 OpenGL 支持的操作系统上，也可以运行在不同的 GPU 上，只要这些 GPU 提供了如图形流水线所定义的可编程硬件（如今几乎所有的 GPU 都满足这样的要求）。

其次，GLSL 提供尽可能底层的硬件接口，表现出很高的运行效率和灵活性。同时，GLSL 的语法近似于 C/C++，易于开发。

（2）HLSL。

高阶着色器语言（High Level Shader Language，HLSL），是由微软拥有及开发的一种语言，HLSL 独立地工作在 Windows 平台上，只能供微软的 Direct3D 使用。HLSL 是微软抗衡 GLSL 的产品，同时不能与 OpenGL 标准兼容。

其与 NVIDIA 的 Cg 语言非常相似，HLSL 的主要作用为将一些复杂的图像处理，快速而又有效率地在显卡上完成，与组合式或低阶着色器语言相比，能降低在编写复杂特殊效果时所发生编程错误的概率。HLSL 已经整合到了 DirectX 9 中。

（3）Cg 语言。

Cg 语言是为 GPU 编程设计的高级绘制语言，由 NVIDIA 开发。Cg 语言极力保留 C 语言的大部分语义，并让开发者从硬件细节中解脱出来。Cg 语言也有一个高级语言的其他好处，如代码的易重用性，可读性得到提高，编译器代码优化等。

Cg 语言主要参照 ANSI C 建模，但也从 C++ 和 Java 以及早期的绘制语言如 Stanford Shading Language（斯坦福着色语言）中吸取了一些思想。这些使软件开发人员很容易编写程序然后由编译器进行优化，提高了可读性。而且 Cg 语言的设计考虑了 GPU 的体系结构，如可编程多处理器单元（顶点处理器，像素处理器，外加不可编程单元）。这些部分和应用都是通过数据流连接起来的。Cg 语言允许分别为顶点和像素编写程序。Cg API 引入了 Profiles 的概念以处理顶点和像素编程所缺乏的通用性。一个 Cg Profile 就定义了一套整个 Cg 语言的子集以适应不同的硬件平台和 API。Cg 程序可以根据运行时的需要或事先编译成 GPU 汇编代码。这样可以很容易地将一个 Cg 像素程序和手写的顶点程序结合起来，或者甚至采用不可编程的 OpenGL 或 DirectX 顶点流水线，反之亦然。

Assembly

```
...
FRC R2.y, C11.w;
ADD R3.x, C11.w, -R2.y;
MOV H4.y, R2.y;
ADD H4.x, -H4.y, C4.w;
MUL R3.xy, R3.xyww,
C11.xyww;
ADD R3.xy, R3.xyww,
C11.z;
TEX H5, R3, TEX2, 2D;
ADD R3.x, R3.x, C11.x;
TEX H6, R3, TEX2, 2D;
```

采用汇编代码编程很痛苦

Cg (C for Graphics)

```
...
L2weight = timeval – floor(timeval);
L1weight = 1.0 – L2weight;
ocoord1 = floor(timeval)/64.0 + 1.0/128.0;
ocoord2 = ocoord1 + 1.0/64.0;
L1offset = f2tex2D(tex2, float2(ocoord1,
1.0/128.0));
L2offset = f2tex2D(tex2, float2(ocoord2,
1.0/128.0));
...
```

· 易读易写易改
· 跨平台

图 3-8　GPU 编程使用 Cg 语言和汇编语言的对比

3）通用计算平台

使用 Cg、HLSL、GLSL 等高级着色语言进行着色编程需要了解图形流水线，但它们的门槛比较高，可利用通用计算平台来降低入门门槛。

通用计算平台主要有以下 3 种。

（1）NVIDIA 独家主导的 CUDA，只能使用 NVIDIA 的显卡实现。

（2）微软主导的 DirectCompute，它和 DirectX 是"一伙的"，A 卡 N 卡（A 卡就是采用 AMD 公司 ATI 显卡芯片的显卡，N 卡就是采用 NVIDIA 显示芯片的显卡）乃至 Intel 核显都能使用。

（3）由苹果提出、多家厂商支持的开放性规范——OpenCL，能够对不同架构 CPU、GPU 等硬件提供支持。

通用计算的优势：CPU 的逻辑判断能力、计算精度和单核心计算能力要比 GPU 强，但是 GPU 的优势在于核心数非常多，一般可以过百上千，与民用 CPU 不超过 8 核 16 线程的数量相比非常悬殊，因此在一些计算场合下效率要比 CPU 高很多，而这些场合就是通用计算的优势，文件压缩、视频转码就是典型。

CPU 与 GPU 的结合将成为未来趋势，美国计算机科学家杰克·唐加拉（Jack Dongarra）说："将来的计算架构会是 CPU 和 GPU 的结合"。

3.5　基于三维几何模型构建虚拟世界

本节将在介绍计算机图形学相关技术的基础上，本书讲述构建三维虚拟世界与计算机图形学的关系，详述虚拟现实的几何造型建模和实操。

3.5.1　构建三维虚拟世界与计算机图形学紧密相关

1. "虚拟"是用计算机图形学生成的

虚拟现实是一项综合集成技术，涉及计算机图形学、人机交互技术、传感技术、人工智能等领域，它用计算机生成逼真的三维视、听、嗅觉等感觉，使人作为参与者通过适当装置，自然地对虚拟世界进行体验和交互作用，其中，计算机图形学起着重要的作用。

使用者进行位置移动时，计算机可以立即进行复杂的运算，将精确的 3D 世界影像传回并产生临场感。该技术集成了计算机图形（Computer Graphics，CG）技术、计算机仿真技术、人工智能、传感技术、显示技术、网络并行处理等技术的最新发展成果，是一种由计算机技术辅助生成的高技术模拟系统。概括地说，虚拟现实是人们通过计算机对复杂数据进行可视化操作与交互的一种全新方式，与传统的人机界面以及流行的视窗操作相比，虚拟现实在技术思想上有了质的飞跃。

虚拟现实中的"现实"泛指在物理意义上或功能意义上存在于世界上的任何事物或环境，它可以是实际上可实现的，也可以是实际上难以实现的或根本无法实现的。而"虚拟"是指用计算机图形学生成的意思。因此，虚拟现实是指用计算机生成的一种特殊环境，人可以通过使用各种特殊装置将自己"投射"到这个环境中，并操作、控制环境，实现特殊的目的，即人是这种环境的主宰。

2. 置身三维信息空间的新用户界面

早在 20 世纪 60 年代初，随着 CAD 技术的发展，人们就开始研究立体声与三维立体显示相结合的计算机系统。20 世纪 80 年代，杰伦·拉尼尔于提出了"虚拟现实"的观点，目的在于建立一种新的用户界面，使用户可以置身于计算机所表示的三维空间资料库环境中，并可以通过眼、手、耳或特殊的空间三维装置在这个环境中"环游"，创造出一种"亲临其境"的感觉。虚拟现实是人们通过计算机对复杂数据进行可视化、操作以及实时交互的环境。与传统的计算机人机界面（如键盘、鼠标、图形用户界面以及流行的 Windows 等）相比，虚拟现实无论在技术上还是思想上都有质的飞跃。传统的人机界面将用户和计算机视为两个独立的实体，而将界面视为信息交换的媒介，由用户把要求或指令输入计算机，计算机对信息或受控对象做出动作反馈。虚拟现实则将用户和计算机视为一个整体，通过各种直观的工具将信息进行可视化，形成一个逼真的环境，用户直接置身于这种三维信息空间中自由地使用各种信息，并由此控制计算机。

3. 基于三维计算机图形等多种技术综合的虚拟现实系统技术

1）三维计算机图形技术

三维计算机图形（3D Computer Graphics）是计算机和特殊三维软件帮助下创造的作品。

一般来讲，该术语可指创造这些图形的过程，或者三维计算机图形技术的研究领域及其相关技术。

三维计算机图形和二维计算机图形的不同之处在于，计算机内存储了几何数据的三维表示，用于计算和绘制最终的二维图像。一般来讲，为三维计算机图形准备几何数据的三维建模的艺术与雕塑及照相类似，而二维计算机图形的艺术与绘画相似。但是，三维计算机图形依赖于很多二维计算机图形的相同算法。

在计算机图形软件中，该区别有时很模糊：有些二维应用程序使用 3D 技术来达到特定效果，譬如灯光，而有些主要用于三维的应用程序采用二维的视觉技术。二维图形可以看作三维图形的子集。

OpenGL 和 Direct3D 是两个用于产生实时图像的流行的 API（实时表示图像的产生在"真实的时间"中，或者说"随时"）。很多现代显卡提供了基于这些 API 的一定程度的硬件加速，经常使复杂的三维图像实时产生。但是，真正产生三维图像并不一定要使用其中的任何一个。

2）虚拟现实系统的技术

虚拟现实用以下 3 种基本技术进行了概括：三维计算机图形技术；采用多种功能传感器的交互式接口技术；高清晰度显示技术。这充分体现了构建三维虚拟世界与计算机图形学紧密相关。

（1）虚拟现实首先是利用计算机图形的处理产生一种可视化界面技术，可以有效地建立虚拟环境，这主要集中在两个方面，一方面是虚拟环境能够精确表示物体的状态模型，另一方面是环境的可视化及渲染。

（2）虚拟现实仅是计算机系统设置的一个近似客观存在的环境，为用户提供逼真的三维视、听、触和嗅觉等感受。它是硬件、软件和外围设备的有机组合。

（3）用户可通过自身的技能以 6 个自由度在这个仿真环境里进行交互操作。虚拟现实的关键是传感技术。

（4）虚拟现实离不开视觉和听觉的新型可感知动态数据库技术。可感知动态数据库技术与文字识别、图像理解、语音识别和匹配技术关系密切，并需结合高速的动态数据库检索技术。

（5）虚拟现实不仅是计算机图形学或计算机成像生成的一幅画面，更重要的是人们可以通过计算机和各种人机界面与机交互，并在精神感觉上进入环境。它需要结合人工智能、模糊逻辑和神经元技术。

虚拟现实是多种技术的综合，包括实时三维计算机图形技术，广角（宽视野）立体显示技术，对观察者头、眼和手的跟踪技术，以及触觉、力觉反馈、立体声、网络传输、语音输入/输出技术等。

3.5.2 虚拟现实的几何造型建模和实操

1. 几何造型建模

几何造型建模是指对虚拟环境中物体的形状和外观进行建模。其中，物体的形状由构造物体的各个多边形、三角形和顶点等确定，物体的外观则由表面纹理、颜色以及光照系数等确定。虚拟环境中的几何模型是物体几何信息的表示。因此，用于存储虚拟环境中几何模型文件需要包含几何信息的数据结构、相关的构造与操纵读数据结构的算法等信息。

通常几何建模可通过人工几何建模和数字化自动建模这两种方法实现。

1）人工几何建模方法

人工几何建模方法包括"通过图像编程工具或虚拟现实建模软件建模"和"利用交互式的绘图、建模工具建模"等两种方法。

（1）通过图像编程工具或虚拟现实建模软件建模。

以编程形式进行建模是常用方法，常见工具包括 OpenGL、Java3D 等二维或三维的图像编程接口以及类似 VRML 的虚拟现实建模语言。这类编程语言或接口一般都针对虚拟现实技术的建模特点设计，拥有内容丰富且功能强大的图形库，可以通过编程的方式轻松调用所需要的几何图形，避免了用多边形、三角形等图形来拼凑对象的外形这样枯燥、烦琐的程序，能有效提高几何建模的效率。

（2）利用交互式的绘图、建模工具建模。

常用的交互式绘图、建模工具包括 AutoCAD、3DS Max、Maya、Autodesk123D 等。

与编程形式的建模工具不同，在使用交互式绘图、建模工具时，用户通过交互式的方式进行对象的几何建模操作，无须编程基础，非计算机专业人士也能够快速学会使用。但是，虽然用户可以交互式地创建某个对象的几何图形，然而并非所有要求的数据都以虚拟现实要求的形式提供，实际使用时某些内容需要手动或通过相关程序导入。

2）数字化自动建模方法

三维扫描仪是数字化自动建模方法的常用设备，它可以用来扫描并采集真实世界中物体的形状和外观数据。利用三维扫描仪来对真实世界中的物体进行三维扫描，即可实现数字化自动建模。

三维激光扫描是最精确的建模方式。三维激光扫描技术已经发展了二十多年，已经发展到了第三代产品，技术和解决方案都已经非常成熟，从杯子大小的物件到整个城市都有成熟的解决方案。一般的三维扫描仪厂商除设备以外，还会有点云数据处理软件，这类软件的主要功能就是通过图像算法降低点云数据的数据量，还有一些智能识别功能，将常见的电缆、管道等对象识别成一个整体对象，通常这类软件的识别过程都需要人工辅助干预才能形成可以使用的场景数据。大场景的扫描建模对操作人员要求比较高，一般需要和全站仪之类的测绘设备配合使用。三维激光扫描如图3-9所示。

图 3-9　三维激光扫描

2. 几何建模的实操

1）多边形（Polygon）建模

Polygon 建模是基础建模技术，就是用比较少量的网格多边形进行编辑建模。运用这种方法，首先需要刻画一个基本的规则几何体，再根据需求进一步修改对象细节部分，最后通过各种手段技术来营建虚拟现实的场景和对象。Polygon 建模的缺点是不能生成曲面，但其操作简单方便，而且时效性颇佳。Polygon 建模多用于游戏、动画等领域中。

多边形包括 4 个基本元素：顶点、边、面、纹理坐标。

下面，将运用 Polygon 建模技术建造一个盾牌，实现过程用到了 Polygon 建模技术中，对物体面的变换、点的拉伸，以及多个几何体互相拼接的过程，模型展示如图 3-10~图 3-12 所示。

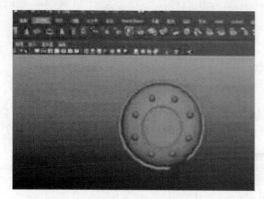
图 3-10　Polygon 建模 1

图 3-11　Polygon 建模 2

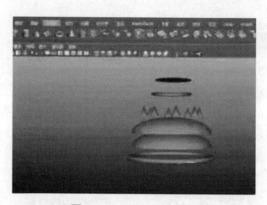
图 3-12　Polygon 建模 3

2）NURBS（非均匀有理 B-样条曲线）建模

不同于 Polygon 建模，NURBS 建模多是专门用来建造曲面对象。研究中可用曲线和曲面来刻画 NURBS 建模对象，因此在 NURBS 里面建造一个锐利的边是不可能完成的任务。NURBS 曲线的特征是可以在任意点上分割和合并，而 Polygon 的曲线却无法做到这样。NURBS 建模通常适用于工业模型、产品设计。

下面运用 NURBS 建模设计一个杯子，在设计过程中首先运用 CV 曲线工具设计出杯子的曲线，如图 3-13 所示；再通过旋转工具绘制杯子的初步模型，如图 3-14 所示；接下来通过编辑曲线上的点来进一步修改杯子的轮廓，以达到理想的模型效果，如图 3-15 所示；最后得到杯子模型，如图 3-16 所示。

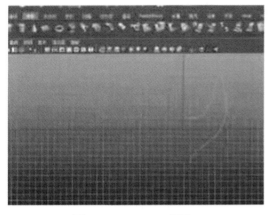

图 3-13　NURBS 建模 1

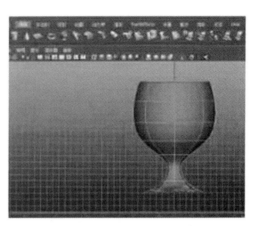

图 3-14　NURBS 建模 2

图 3-15　NURBS 建模 3

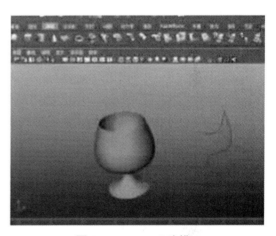

图 3-16　NURBS 建模 4

3）细分表面技术（Subdivision）建模

Subdivision 是近年来新兴的一类建模技术。该技术中汇集了 NURBS 建模和 Polygon 建模的特点和优势，适合搭建一些层次感丰富且复杂的模型。而且，其建模工具简单，操作方便，适合创作静帧作品。

Subdivision 建模具有光滑的表面，因而并不存在对象表面的连续性问题。刻画到细节的时候，如高精度的调节，就是利用 level 参数进行区域性的调节。特别地，Subdivision 能够用于应对要求更高的建模。

综上所述，根据用户的实际需求来选择最为恰当的建模方法，如此才能快速有效地达成效果目标。

习 题

一、名词解释

1. 图形；   2. 像素图；   3. 参数图；

4. 扫描线；   5. 构造实体几何表示法；   6. 投影；

7. 区域填充；   8. 扫描转换。

二、填空题

1. 直线的属性包括_____、_____、_____。

2. 颜色通常用红、绿和蓝三原色的含量来表示。对于不具有彩色功能的显示系统，颜色显示为_____。

3. 平面图形在内存中有两种表示方法，即_____、_____。

4. 裁剪的基本目的是判断图形元素是否部分或全部落在_____。

5. 图形变换是指将图形的_____经过产生新的图形。

三、单选题

1. CPU 的组成不包括（   ）。

A. 控制器   B. 输入输出器   C. 存储器   D. 运算器

2. 宏观来看，图形流水线的步骤是（   ）。

A. 应用程序→几何图形→栅格化→屏幕

B. 几何图形→应用程序→栅格化→屏幕

C. 屏幕→几何图形→栅格化→应用程序

D. 应用程序→栅格化→几何图形→屏幕

四、多选题

1. 三维模型的建模中表达一个几何物体可以采用（   ）些方法。

A. 用数学上的样条函数来表达

B. 用隐式函数来表达

C. 用光滑曲面上的采样点及其连接关系所表达的三角网格来表达

D. 奇异点处的连续性构造方法

2. 图形流水线步骤中，在光栅操作这个阶段要对片断进行一系列的测试，包括（   ）。

A. 位置测试   B. Alpha 测试   C. 深度测试   D. 剪切测试

五、简答题

1. 什么是计算机图形学？

2. 什么是 Graphics pipeline？

3. 什么是 OpenGL？

4. 简述 OpenGL 中的图形流水线的特点。

5. 简述 Direct3D 及其与 OpenGL 的区别。

6. 什么是 GPU？

7. 简述 GPU 与 CPU 的对比。

8. 顶点处理器用来运行顶点 Shader（着色程序）。一个顶点 Shader 可以编写代码实现哪些功能？

9. 什么是 GPU 编程？

10. 简述 GPU 编程的主要编程语言及其特点。

11. 什么是通用计算平台及将来的计算架构？

12. 构建三维虚拟世界的关键技术有哪些？

13. 简述虚拟现实的几何造型建模。

14. 什么是 Polygon、NURBS 建模以及各自的优缺点、应用、实操？

15. 什么是 Subdivision 建模及其优缺点、应用？

第4章 虚拟现实平台类软件及 VRP

本章学习目标

知识目标：了解构建三维几何虚拟世界的相关软件概况，虚拟现实平台类软件（图形系统开发库 SDK、虚拟现实引擎、虚拟现实的网络规范语言 VRML/X3D、VRML 等）。

能力目标：能够基于 3DS Max 和 VRP 平台的建模、渲染、烘焙技术流程进行实操开发。

思政目标：让学生了解生产力的三要素，包括劳动者、劳动对象、生产工具，其中劳动者是最活跃的因素，生产工具的变化即技术进步是决定生产力发展水平的重要标志。

4.1 构建三维几何虚拟世界的相关软件概述

构建三维几何虚拟世界的相关软件包括：内容制作类软件（3DS Max 等）、基础图形库（OpenGL、D3D）和虚拟现实平台类软件（VR 引擎、VRML 等），如图 4-1 所示。本节概要地介绍这些软件，以期让读者了解它们之间的层级关系。

图 4-1 构建三维几何虚拟世界的相关软件

其中，虚拟现实平台类软件包括图形系统开发库（SDK）、虚拟现实引擎（VR 引擎等）、虚拟现实的网络规范语言（VRML 等）。

1. 内容制作类软件

（1）三维建模、动画工具：3DS Max（Discreet 公司开发的基于 PC 系统的三维动画渲染和制作软件），Maya（Autodesk 旗下的著名三维建模和动画软件），SketchUp（草图大师是一款应用于建筑领域的全新三维建模软件）等。

（2）图像处理工具：Photoshop（平面设计需要掌握的软件，其功能强大，能胜任任何图片处理操作），Illustrator（常被称为"AI"，是一种应用于出版、多媒体和在线图像的工业标准矢量插画的软件），CoreDraw（加拿大 Corel 公司的平面设计矢量图形制作工具软件）等。

（3）音频处理工具：Animator SoundLab（动画师声音试验室）等。

2. 基础图形库（OpenGL，D3D）

（1）OpenGL：OpenGL 是开放式图形库，用于渲染 2D、3D 矢量图形的跨语言、跨平台的 API。这个接口由近 350 个不同的函数调用组成，用来绘制从简单的图形到比较复杂的三维景象。而另一种程序接口系统是仅用于 Windows 上的 Direct3D。OpenGL 常用于 CAD、虚拟实境、科学可视化程序和电子游戏开发。

OpenGL 的高效实现（利用了图形加速硬件）存在于 Windows、部分 UNIX 平台和 Mac OS。这些实现一般由显示设备厂商提供，而且非常依赖于该厂商提供的硬件。开放源代码库 Mesa 是一个纯基于软件的图形 API，它的代码兼容于 OpenGL。但是，由于许可证的原因，它只声称是一个"非常相似"的 API。

OpenGL 规范由 1992 年成立的 OpenGL 架构评审委员会（OpenGL Architecture Review Board，ARB）维护。ARB 由一些对创建一个统一的、普遍可用的 API 特别感兴趣的公司组成。根据 OpenGL 官方网站，2002 年 6 月的 ARB 投票成员包括 3Dlabs、Apple Computer、ATI Technologies、Dell Computer、Evans & Sutherland、Hewlett-Packard、IBM、Intel、Matrox、NVIDIA、SGI 和 Sun Microsystems，Microsoft 曾是创立成员之一，但已于 2003 年 3 月退出。

（2）D3D：全称为 Direct3D，是微软为提高 3D 游戏在 Windows 中的显示性能而开发的显示程序接口。

> 注意：OpenGL 和 D3D 的相关知识详见 3.3 节。

3. 虚拟现实平台类软件

（1）图形系统开发库（SDK）包括 OpenInventor、OpenGL Performer、OSG、OGRE、Vtree，前 4 者将在 4.2.1 小节中详细介绍，Vtree 是 Java 常用的一种模板渲染语法，或者说是模板引擎。

（2）虚拟现实引擎包括仿真引擎 VRPlatform（VRP）等和游戏引擎 Unity3D 等。

> 注意：虚拟现实引擎的相关知识详见 4.2.2 小节。

（3）虚拟现实的网络规范语言包括 VRML/X3D、WebGL/HTMLS。

> 注意：虚拟现实的网络规范语音详见 4.2.3 小节。

4. 层级关系

构建三维几何虚拟世界的相关软件等的层级关系如图 4-2。基础层包括：显卡、OpenGL 和 Direct3D；中间层包括：3D 图形引擎、游戏引擎和仿真引擎；应用层包括：游戏和仿真应用等。

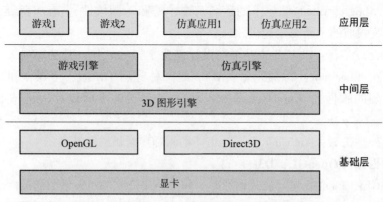

图 4-2　构建三维几何虚拟世界的相关软件等的层级关系

4.2　虚拟现实平台类软件

本节将详细介绍虚拟现实平台类软件的图形系统开发库（SDK）、虚拟现实引擎（VRP等）和虚拟现实的网络规范语言（VRML/X3D 等）。

4.2.1　图形系统开发库（SDK）

软件开发工具包（Software Development Kit，SDK），是指基于特定的软件、软件框架、硬件平台、操作系统等建立应用软件时的开发工具的集合，即广义上讲是辅助开发某一类软件（例如图形系统开发）的相关文档、范例和工具的集合，下面主要介绍 OpenInventor、OpenGL Performer、OSG 和 OGRE。

1. OpenInventor

1）OpenInventor 简介

OpenInventor（以下简称 OIV）是 SGI 最先开发和推出的、基于 OpenGL 的面向对象三维图形软件开发包。使用 OIV 开发包，程序员可以快速、简洁地开发出各种类型的交互式三维图形软件。OIV 具有平台无关性，它可以在 Windows、UNIX、Linux 等多种操作系统中使用。OIV 允许使用 C、C++、Java、DotNet（.NET）多种编程语言进行程序开发。经过多年的发展，OIV 已经基本上成为面向对象的三维图形开发"事实上"的工业标准，广泛地应用于机械工程设计与仿真、医学和科学图像、地理科学、石油钻探、虚拟现实、科学数据可视化等领域，例如后来的由 Mercury 公司开发的 OpenInventor 7（以至 Open Inventor 10）可用于商业图形、机械 CAE 和 CAD 等领域。

学习过 OpenGL 的人应该有一种感觉，就是 OpenGL 入门容易，但要进一步提高编程能力很难。OpenGL 提供的函数并不多，只有区区一百多个核心函数。OpenGL 的编程思想比较简单，就是一个有限状态机的思想。因此学习 OpenGL 往往入门很快。但是在入门之后，要想进一步提高编程能力，很多人就会感觉无从下手。这种情况一部分的原因是编写三维图形软件需要了解的知识比较多，另一部分的原因就是 OpenGL 提供的功能过于基本和底层了。而且其使用的是"面向过程"的编程方法，对于广泛使用的"面向对象"的编程思想没有提供支持。正是看到了 OpenGL 在应用上的不便，SGI 公司在 OpenGL 库的基础上开发了面向对象的三维图形软件开发工具包——OIV。OIV 是面向对象的，因为它本身就是使用 C++编写的，允许用户从已存在的类中派生出自己的类，通过派生的方式可以很容易地扩展 OIV 库。OIV 支持"场景""观察器"和"动作"等高级功能，用户可以把 3D 物体保存在"场景"中，通过"观察器"来显示。利用"动作"可以对 3D 物体进行特殊的操作（如拾取操作、选中操作等）。正是因为 OIV 具有这些高级功能，才使普通程序员也能编写出功能强大的三维交互式应用软件。

OIV 是由一系列的对象模块组成的，通过利用这些对象模块，开发人员有可能以花费最小的编程代价，开发出能充分利用强大的图形硬件特性的程序。OIV 是一个建立在 OpenGL 基础上的对象库，开发人员可以任意使用、修改和扩展该对象库。OIV 对象包括数据库图元、形体、属性、组和引擎等对象；还有手柄盒和轨迹球等操作器、材质编辑器、方向灯编辑器、Examiner 观察器等组件。OIV 提供了一个完整且经济高效的面向对象系统。

OIV 的开发环境：目前世界上比较成熟的 OIV 开发包主要有 3 个，它们分别由 SGI、TGS 和 SIM 公司开发，在遵循 OIV 接口规范的基础上各有特点。

2）OIV 的主要特征

（1）面向对象的 3D 应用程序端口：Mercury 公司的 OIV 7 提供了一个广泛的面向对象集（超过 1 300 个易于使用的类），并集成了一个用户友好的系统架构来快速开发。规范化的场景图提供了现成的图形化程序类型，其面向对象的设计鼓励可拓展性和个性化功能来满足具体的需求。Mercury 公司的 OIV 7 是应用广泛的、面向对象的专业 3D 图形开发工具包。

（2）优化的 3D 渲染：Mercury 公司的 OIV 7 通过利用 OpenGL 的、最新的功能集和拓展模块优化了渲染效果，自动基于 OpenGL 的最优化技术来提供一个大大改善的、高端的应用程序接口。

（3）先进的基于 OpenGL 的着色器：OpenGL 的阴影渲染技术可应用于 OIV 的任何版本，通过特效来获得更深入的三维视觉体验。Mercury 公司的 OIV 7 嵌入了一个超过 80 张阴影渲染程序列表，完全支持 ARB 语言、Cg 语言和 OpenGL 绘制语言，以此来获得更先进的视觉效果，进一步提高终端用户的三维可视化视觉体验。

（4）先进的开发帮助：IvTune& reg 是一个交互的绘图工具，当程序正在运行时对 3D 程序进行校正和调试。它允许开发人员交互式视图和修改场景图。

（5）全面的 3D 内核：除了其完整的 3D 几何内核，OIV 7 提供了强有力的、先进的 3D 功能集支持，如 NURBS 和碰撞检测，完全支持 NURBS 和任意的裁剪曲面，可实现快速、持续高效的 NURBS 镶嵌。OIV 7 也提供了一个快速的物体间和摄影间、场景间的快速碰撞检测应用。这种优化的碰撞检测应用，已被证明是有效的，甚至可以面对非常复杂的场景。

（6）大型模型的可视化：OIV 7 通过更少的三角形来构建新的几何模型，并自动生成层次细节（Levels of Detail，LOD）和保存外表的简化节点来提高显示质量和使交互渲染成为可能。它可以将几何模型转换成更高效的三角形条块和将对象重新排序来尽量减少状态的变化，同样支持复杂场景的快速编辑。

（7）远程渲染、虚拟现实功能和多屏显示：OIV 7 提供高端的浸入式组件来提供易于使用且有力的解决方案，以共同面对 3D 高级程序开发领域中棘手的问题。其可以和最尖端的技术与时并进，事半功倍，也包括需要额外的、低端的应用程序端口的下一代硬件的优化的显示效果。

（8）多线程技术：多线程技术相比采用多个处理器和利用单一的高端处理器都能增加整体的显示效果。这种特性也适用于多种图形通道，每个图形通道都有自己的渲染线程。

（9）GPU 的广泛应用：OIV 7 的可视化解决方案对程序员们提供了一个独特的解决方案，这个方案能实现先进的三维可视化和强大的计算功能间的交互，这些计算一般是在一个工作站上进行的并行计算。

3）OIV 与 OpenGL 之间的差别

在 OIV 的主要参考书 *The Inventor Mentor* 中，有一段文字生动形象地介绍了 OIV 与 OpenGL 之间的差别。在书中，作者假设要建造一栋房子，其把使用砖头、水泥、沙子来建造房屋的原始方式比作使用 OpenGL 来开发程序，而将使用预制水泥构件、成套室内设备来建造房屋比作使用 OIV 来开发程序。这种比喻形象地说出了 OIV 开发程序具有简单、高效的特点。值得注意的是，OIV 和 OpenGL 是相容的。在 OIV 中提供了多种方法允许直接调用 OpenGL 的命令，这使 OIV 的功能变得更加强大。

再举一个程序员比较熟悉的例子。我们知道，使用 C++编写 Windows 程序的时候，基本上可以有两种方法：第一种方法是直接使用 Windows API 开发程序；第二种方法是使用 Microsoft Visual C++中的微软基础类库（Microsoft Foundation classes，MFC）开发。使用 Windows API 开发程序就和使用 OpenGL 来开发 3D 应用程序一样；而使用 MFC 就像是使用 OIV。如果使用 Windows API 来开发程序，程序员需要做程序初始化，创建窗口，消息分发，程序框架等大量的代码。这点和使用 OpenGL 来开发 3D 应用程序几乎是一样的，程序员必须对程序中的所有部分负责。而使用 MFC 开发程序就轻松很多了，因为 MFC 内部已经为程序的开发提供了尽可能大的方便，包括程序初始化，创建窗口，消息分发，程序框架等这些都已经是内建的了，程序员只需要实现自己的功能就可以了。同时 MFC 也允许用户直接调用 Windows API，并且 MFC 的运行效率和 Windows API 的运行效率不相上下。

OIV 与 OpenGL 程序之间一个最大的差别就是 OIV 不需要程序员"画"3D 模型。例如，在 OIV 程序中，我们可以只向场景中增加一个立方体对象，至于在哪里显示，以及何时显示该立方体都由 OIV 自己来决定，无须程序员考虑。作为对比，在 OpenGL 程序中，我们需要在 display( )回调函数中逐条地调用 OpenGL 命令，只有这样才能将立方体显示出来。

使用 OIV 的另外一个好处是，OIV 的程序是"活"的，即可以使用鼠标来操作场景中的物体。例如，可以在观察器窗口上按住鼠标左键，通过移动鼠标来任意旋转立方体，也可以上下移动鼠标来放大或缩小立方体。也就是说，前面所列举的 OIV 程序其实是一个交互式的 3D 程序，而我们没有做任何的工作就自动获得了这种交互功能。相对来说，使用 OpenGL 就没有这么幸运了，无论用鼠标怎样操作，立方体都不会动。当然，也可以使 OpenGL 程序具有交互的功能，但要开发一个操作非常顺手的交互式软件不是一件容易的事情。

4）OIV 与 VRML 的关系

也许很多人对 OIV 不是很了解。但可能大部分人都听说过 VRML 文件格式。VRML 文件格式是浏览器用于在网页中显示 3D 物体的一种通用文件格式。其实 VRML 文件格式就是 OIV 的 iv 文件格式的一个子集。当年 VRML 文件格式的创建者参考了 OIV 的 iv 文件格式，所以 OIV 自动支持 VRML 文件的导入。而 Java 3D 借鉴了很多 VRML 的思想。因此，Java 3D 和 OIV 在设计思想上也是很相近的。

2. OpenGL Performer

OpenGL Performer，以前被称为 IRIS Performer，通常简称 Performer，是一种建立在 OpenGL 之上的实用程序代码的商业库，用于实现实时视觉仿真应用程序。OpenGL Performer 由 SGI 开发，可用于 IRIX、Linux 和多个版本的 Microsoft Windows。

Performer 主要由两个库组成：较低级的 libpr 和更高级的 libpf。libpr 库提供一个面向对象的接口，基于高速渲染功能 pfGeoSet 和 pfGeoState。pfGeoSet 是图形基元，如多边形的集合。pfGeoState 封装关于一个给定的 pfGeoSet，如照明、透明性和纹理化性能。

libpf 库包括分层场景图，场景处理（模拟、路口、剔除和绘图任务）的生成和操纵动态坐标系的功能，电平的细节管理，异步数据库寻呼，环境模型，光点等。该库还为跨多个图形流水线的多个视口提供透明的支持。

其他 Performer 库如 libpfutil、libpfdb、libpfui 等提供了生成优化几何，数据库转换，设备输入（如与外部 flyboxes 和 MIL-STD-1553 多路复用器总线接口）的功能，并提供运动模型，碰撞模型以及支持 OIV、OpenFlight、Designer's Workbench、Medit 和 Wavefront 等常见数据格式的格式无关数据库界面。

3. OSG（Open Scene Graph）

OSG 是开源 3D 图形应用程序编程接口，可供应用程序开发人员在视觉仿真、计算机游戏、虚拟现实、科学可视化和建模等领域中使用。

OSG 工具包是写在标准 C++ 中使用中的 OpenGL，运行在多种操作系统包括 Windows、MacOS、Linux、IRIX、Solaris 等。自 3.0.0 版本起，OSG 还支持 iOS 和 Android 等移动平台的应用开发。

1）OSG 应用程序开发的一般步骤

（1）创建场景对象（osgProducer∷Viewer 类）。

（2）加载模型。

（3）组织模型（场景图的组织）。

（4）加载组织后的模型到场景对象。

（5）进入循环，进行渲染、交互响应。

2）OSG 应用程序实例

```
int main(int, char * * )   {
    osgProducer::Viewer viewer;                 //创建一个场景
    viewer. setUPViewer():
    //加载 osga 地形模型到节点变量中
    osg::Node* node = osgDB::readNodeFile("Taiwan. osga"):
```

```
viewer. setSceneData （node）; //加载模型到场景中
//进入渲染循环
viewer. realize ();
while （! viewer. done ()）      {
        viewer. sync (); //等待所有 cull 和 draw 线程的完成
        viewer. update (): //通过遍历节点更新场景
        viewer. frame (); //渲染更新结果
}
viewer. sync (); //退出程序前等待所有 cull 和 draw 线程的完成
return;
}
```

4. OGRE

面向对象的图形渲染引擎（Object-Oriented Graphics Rendering Engine，OGRE）是面向场景的实时 3D 渲染引擎，而不是游戏引擎。OGRE 是跨平台的，从底层系统库抽象，如 Direct3D 和 OpenGL。

1）OGRE 与 OSG 的共同点

（1）对底层基础图形库绘制功能的封装。

（2）提供了完善的场景管理功能（场景图）。

（3）提供了开发框架和一些工具。

2）OGRE 与 OSG 的不同点

（1）OSG 基于 OpenGL，OGRE 则同时支持 OpenGL 和 D3D。

（2）二者都采取了场景图的形式，但场景图的设计思想有区别。

（3）OGRE 有更成熟的设计模式，OSG 显得要松散、开放一些。

（4）目前 OGRE 更多地用于游戏，而 OSG 则很少用于游戏，主要用于虚拟仿真。

4.2.2 虚拟现实引擎（VRP 等）

汽车、飞机的引擎是用来给汽车、飞机提供动力支持的，而虚拟现实的引擎是用来给这个虚拟现实技术提供强有力支持的一种解决方案。为了实现制订的解决方案，必须要制作出实现这种解决方案的硬件系统或软件系统，而实现这种解决方案的软件系统就是虚拟现实引擎。

虚拟现实引擎分为制作软件和浏览软件，前者用于开发，后者用于浏览，类似于看视频，须先安装视频播放软件。现在很多虚拟现实引擎的作品是可以嵌入网页，但一般浏览器是不会事先帮用户装好浏览软件的，需要用户自己安装，这个浏览软件就称为网页浏览器的插件，即常说的插件。例如，要看网页的 Flash，就要装 Flash 插件。浏览软件或插件，都只需安装一次便可。

那么虚拟现实具体有哪些引擎，分别有什么优缺点呢？下面介绍一些比较常用的引擎。

1. 虚拟现实引擎的分类

如图 4-3 所示，虚拟现实引擎分为仿真引擎与游戏引擎两大类。

1）仿真引擎

仿真引擎有 VRPlatform、Virtools、Vega 以及 Unity3D 等。

2）游戏引擎

游戏引擎有 Unity3D、Unreal Engine、CryEngine 以及 Frostbite（寒霜）等。

2. 主要的虚拟现实引擎

虚拟现实的引擎百花齐放，各有特点，现举例如下。

图 4-3　虚拟现实引擎的分类

1）Unity3D

Unity3D（简称 U3D）是由 Unity Technologies 开发的实时 3D 互动内容创作和运营平台，包括游戏开发、美术、建筑、汽车设计、影视在内的所有创作者，借助 Unity 将创意变成现实。Unity 平台提供一整套完善的软件解决方案，可用于创作、运营和变现任何实时互动的 2D 和 3D 内容，支持平台包括手机、平板电脑、PC、游戏主机、增强现实和虚拟现实设备。

U3D 作为虚拟现实的后起之秀，一起步就被定义为高端大型引擎，且受到业内的广泛关注，起初只可以运行于 Mac OS 系统，后来扩展到 Windows 系统，其可发布游戏至 Windows、Mac、Wii、iPhone、Windows Phone 8 和 Android 平台；也可以利用 Unity Web Player 插件发布网页游戏，支持 Mac 和 Windows 的网页浏览。它的网页播放器也被 Macwidgets 所支持。难能可贵的是，它是免费的（用于个人不用于商用的范围）。U3D 自带了不少的工具，方便制作；互动也是无所不能，画面效果比 Quest3D 还好。另外，它还可以方便地链接数据库，这样就可以做多人在线作品。总的来说，U3D 跟 Virtools 一样，可以制作任何领域的作品。

综上所述，U3D 具有易上手，学习资源丰富，价格合理（企业版），功能相对完善、相对强大的特点，因此备受人们青睐。

基于 Unity 开发的游戏和体验月均下载量高达 30 亿次，并且在 2019 年的安装量已超过 370 亿次。全平台（包括 PC/主机/移动设备）所有游戏中有超过一半的游戏都是使用 Unity 创作的；在 Apple 应用商店和 Google Play 上排名最靠前的 1 000 款游戏中，53% 都是用 Unity 创作的。Unity 提供易用实时平台，开发者可以在平台上构建各种 AR 和 VR 互动体验。

2022 年 8 月 9 日，Unity 宣布与合作伙伴达成协议并成立合资企业——Unity 中国，阿里巴巴、中国移动、佳都科技集团股份有限公司以及抖音有限公司等将参与投资该合资公司，Unity 中国的投后估值为 10 亿美元。U3D 现已经占领了国内 85% 的手游开发，同时布局了华南地区的人才战略，与广州名动漫强强建立官方 Unity3D 人才培训中心，进一步占领游戏引擎领地。

2）VR-Platform（VRP）

VR-Platform（英文全称为 Virtual Reality Platform）即虚拟现实仿真平台，是由中视典数字科技有限公司开发的具有完全知识产权的一款三维虚拟现实平台软件。

VRP 的特点：易学，一个稍有基础的人可以在一天之内掌握所有使用方法；能与 3DS Max 的无缝集成，3DS Max 是 VRP 的建模工具，而 VRP 是 3DS Max 功能的延伸与展示平台。

该软件适用性强、操作简单、高度可视化、所见即所得，其针对一般漫游应用中的典型需求，提供了大量现成的功能；脚本功能简单，一开始是中文脚本，后来才有了 lua 脚本；主要目标客户是没有编程基础的设计制作人员。

VRP 已经在以虚拟现实引擎为核心的基础上，衍生出了 9 个相关 3D 产品的软件平台：VRP-BUILDER（虚拟现实编辑器）、VRPIE3D（互联网平台）、VRP-DIGICITY（数字城市平台）、VRP-PHYSICS（物理模拟系统）、VRP-INDUSIM（工业仿真平台）、VRP-TRAVEL（虚拟旅游平台）、VRP–MUSEUM（虚拟展馆）、VRP–SDK（系统开发包）、VRP–MYSTORY（故事编辑器）。其中 VRP-BUILDER 和 VRPIE3D 软件已经成为国内应用广泛的 VR 和 Web3D 制作工具之一。历经几代的升级，VRP 目前已经支持高动态范围成像（High Dynamic Range，HDR）运动模糊之类的效果了。其定位比较明确：房地产，所以将其应用到房地产中，可以近乎傻瓜化地制作出一个很好的房地产作品。近段时间也开发出网络插件与专用物理引擎等，也许可以弥补在某些功能上的不足，这样就可以扩大应用领域。

新版本 VRP 12.0 增加增强现实功能和 VRP-MYSTORY。为了方便广大用户和虚拟现实技术爱好者学习和使用 VRP，中视典数字科技有限公司特提供 VRP 11.0 免费版，供大家学习交流使用。

3）Vega

Vega 全称为 Vega Prime，是由美国 MultiGen-Paradigm 公司推出的虚拟场景管理/驱动软件，是该公司最主要的工业软件环境，老牌仿真引擎。Vega 的主要面向对象是军事、航空、工业等较大型领域，用于实时视觉模拟、虚拟现实和普通视觉应用。Vega 将先进的模拟功能和易用工具相结合，对于复杂的应用，能够提供便捷的创建、编辑和驱动工具。Vega 能显著地提高工作效率，同时大幅度减少源代码开发时间。MultiGen-Paradigm 公司还提供和 Vega 紧密结合的特殊应用模块，这些模块使 Vega 很容易满足特殊模拟要求，如航海、红外线、雷达、高级照明系统、动画人物、大面积地形数据库管理、CAD 数据输入和 DIS 分布应用等。Vega Prime 的特殊应用模块如图 4-4 所示。

Vega Prime的特殊应用模块

- **Vega Prime FX**：爆炸，烟雾，弹道轨迹等特效
- **Vega Prime marine**：三维动态海洋
- **Vega Prime LADBM**：大面积地形数据库管理
- **DIS/HLA**：分布交互仿真
- **DI-GUY**：人体运动模拟
- **Navigation and Signal Lighting** 导航及信号光照
- **Vega Prime IR Scene**：红外图像场景模块
- **Vega Prime IR Sensor**：红外传感器模块
- **Vega Prime RadarWorks**：基于物理机制的雷达图像仿真

图 4-4　Vega Prime 的特殊应用模块

Vega 开发产品有两种主要的配置：一种是 VEGA-MP（Multi-Process），可为多处理器硬件配置提供重要的开发和实时环境。通过有效地利用多处理器环境，VEGE-MP 在多个处理器上逻辑地分配视觉系统作业，以达到最佳性能。Vega 也允许用户将图像和处理作业指定到工作站的特定处理器上，定制系统配制来达到全部需要的性能指标。另一种是 VEGA-SP（Single-Process），它是由 MultiGen-Paradigm 特别推出的高性价比的产品，用

于单处理器计算机，具备所有 Vega 的功能，而且和所有的 MultiGen-Paradigm 附加模块相兼容。

4）Virtools

Virtools（简称 VT）是法国重量级引擎、世博会指定引擎，由此可以说明其分量。VT 起初被定义为游戏引擎（平衡球就是 VT 的作品），但后来主要做虚拟现实。VT 扩展性好，可以自定义功能（只要会编程），可以接外部设备硬件（包括虚拟现实硬件），有自带的物理引擎，互动几乎无所不能；制作类似于 WF 或 EON，但模块分得很细，所以自由度很大，可以制作出前两者所不能达到的功能；支持 Shader（虽然有限制），效果很好；可以制作任何领域的作品。由于网络插件有功能限制，所以如果将其放在网络上，其功能制作会稍微受限，但单机则无所谓。

VT 可以将现有常用的档案格式整合在一起，如 3D 模型、2D 图形或音效等。VT 是一套具备丰富的互动行为模块的实时 3D 环境虚拟实境编辑软件，可以制作出许多不同用途的 3D 产品，如网际网络、计算机游戏、多媒体、建筑设计、交互式电视、教育训练、仿真与产品展示等。

法国拥有许多技术上尖端的小型 3D 引擎或平台公司，所开发的 3D 引擎成为微软 XBox 认可系统。2004 年，VT 推出了 Virtools Dev 2.1 实时 3D 互动媒介创建工具，随即被引进到中国台湾地区，并在该地区得到迅速发展，并引进到中国大陆。

目前全世界有超过 270 所大学使用 VT，VT 已经获得许多媒体技术学系学生的肯定和支持。越来越多的多媒体技术公司开始应用 VT 开发其产品。

5）Vega、Virtools/Unity、VRP 的比较

如图 4-5 所示，Vega、Virtools/Unity、VRP 从能力（包括适用领域、程序功能、应用门槛）进行比较，箭头向右表示从高到低；反之从易用性进行比较，箭头向左表示从易到难。处于中间位置的 Unity，随着能力和易用性的不断提高，大有取代其他虚拟现实引擎，独占鳌头之势。

图 4-5　Vega、Virtools/Unity、VRP 的比较

其中 BB 模块是构造块（Building Block）的简写，是指已经集成好了 Virtools 特定功能的基本单元，Virtools 就是通过将一系列相关功能的构造块像搭积木一样组合在一起形成所需要的三维交互功能。

3. 其他虚拟现实引擎

其他虚拟现实引擎举例如下。

1）Unreal

Unreal 是虚幻引擎（Unreal Engine）的简写，由 Epic 开发，是世界知名且授权最广的游戏引擎之一，是 Unity3D 的直接竞争者。

"Unreal Engine 3" 3D 引擎采用了最新的即时光迹追踪、HDR 技术、虚拟位移等新技术，而且能够每秒实时运算两亿个多边形运算，效能是 Unreal Engine 的 100 倍，而通过 NVIDIA 的 GeForce 6 800 显卡与 "Unreal Engine 3" 3D 引擎的搭配，可以实时运算出电影 CG 等级的画面，效能非常恐怖。

基于它开发的大作无数，除《虚幻竞技场 3》外，还包括《战争机器》《质量效应》《生化奇兵》等。在美国和欧洲，Unreal 主要用于主机游戏的开发；在亚洲，中韩众多知名游戏开发商购买该引擎用以次世代网游的开发，如《剑灵》《TERA》《战地之王》《一舞成名》等。

Unreal Development Kit（简称 UDK）是 Epic 在 2009 年宣布对外发布虚幻第三代引擎（Unreal Engine 3，也称虚幻引擎 3）的免费版本。该免费版本不包含源代码，但包含了开发基于 Unreal Engine 3，也称独立游戏的所有工具，还附带了几个原本极其昂贵的中间件。其面向所有对 3D 游戏开发引擎感兴趣的游戏开发者、学生、玩家、研究员、3D 影视和虚拟现实创作方以及数字电视制作方等，非商业和教学使用完全免费。UDK 在美国发布后，已经有超过一百所学院或大学开设了虚幻技术相关课程。

为配合 UDK 在中国地区的推广，并为中文用户提供更多本地化支持与服务，Epic Games China（英佩数码）与其教育合作伙伴 GA 游戏教育联合设立了中国首家虚幻技术研究中心（以下简称研究中心），主要向设立游戏动漫等相关专业的高等教育机构提供 UDK 和 Unreal Engine 3 各方面的专业技术支持及教育解决方案，并将不断推出独家教程，旨在帮助具备美术或策划、程序等基本游戏开发知识的兴趣爱好者使用 UDK 开发出完整的游戏雏形，推动国内游戏研发力量的成长。根据 Unreal 及 UDK 在游戏和教育领域的应用情况，研究中心还计划开辟专业的虚幻技术中文论坛，同时为有兴趣的在职研发人员或高校师生提供培训与教学服务。

Unreal 现在已经发展到 Unreal 4 版本，完全移除了 Unreal Script 语言，并且用 C++代替，这意味着开发者不用再学习一门新的语言了。

2）Quest3D

Quest3D（简称 Q3D）由 Act-3D 公司开发，是其头号图形产品。

Quest3D 特点：拥有一款强大的编辑器，几乎可以不用手写什么代码就能创建出图形应用程序；高超的性能等。相比同类，Q3D 也具有类似 VT 的功能模块（不过似乎更琐碎，制作比较复杂），所以互动也是无所谓不能。Q3D 自带了强大的实时渲染器，画面效果非常不错，有的甚至可以跟效果图相媲美。不过其文件比 VT 大，适合做单机作品。

3）WebMax

WebMax 是由上海创图网络科技股份有限公司自主研发的以视频监控运行保障系统（Video Guarantee System，VGS）技术为核心的新一代网上三维虚拟现实软件开发平台。

WebMax 具有独特的压缩技术，真实的画面表现，丰富的互动功能，通过 WebMax 开发的三维网页无须下载，只输入网址即可直接在互联网上浏览三维互动内容。

在几个知名度仅次于 VRP 的国产引擎中，WebMax 算是比较具有代表性的，效果比较比 VRML 好，文件小，互动同样需要用代码实现。WebMax 适合做功能稍微简单的网络产品演示。

4）Crysis

顾名思义，Crysis 的中文名为孤岛危机，与 UDK 一样，它也是一种游戏引擎。因为 Crysis 中也包括地图编辑器（名称为 SandBox），但其画面几乎到巅峰了，所以同样地，也有人拿它来做虚拟作品。由于其文件太大，所以比较适合做房地产之类的、要求超高效果的虚拟作品。

随着社会的不断进步，虚拟现实引擎层出不穷，大家可多接触虚拟现实，为其发展贡献出自己的一份力量。

4. 仿真引擎与游戏引擎的异同

仿真引擎与游戏引擎的相同之处和不同之处，具体如下。

1）仿真引擎与游戏引擎的相同点

（1）提供了虚拟场景的快速组织、管理、发布的平台：

①可视化控制界面；

②场景管理功能；

③渲染、物理模拟、特效、用户界面（User Interface，UI）、网络功能等。

（2）具有二次开发功能：BB、Script、API。

2）仿真引擎与游戏引擎的不同点

（1）目的不同：针对应用目的会设很多特定功能，如针对第一人称射击游戏（First-Person Shooting Game，FPS）的模板等。

（2）游戏引擎侧重画质，但对数据精度要求不高：

①由于游戏场景数据已经被固定了，所以其可以对场景进行极大地优化和美化；

②反之，虚拟现实应用往往需要更换不同的场景数据，使其不容易对场景达到高度美化，效果不如游戏引擎；

③虚拟现实应用的数据往往来自实景，对精度有特殊的要求。

（3）游戏引擎往往无法满足大规模、大尺度场景的应用需求，如大于 40 GB 的场景数据。

（4）游戏引擎往往不支持专业 VR 外设，需要额外开发，如绘制通道要求大于 50 个，绘制分辨率要求超高。

4.2.3　虚拟现实的网络规范语言（VRML/X3D 等）

下面介绍虚拟现实的网络规范语言 VRML/X3D、WebGL/HTML5。

1. VRML/X3D

1）虚拟现实建模语言——VRML

（1）VRML 简介。

VRML 即虚拟现实建模语言，是一种网上描述三维空间数据体的语言格式，可用来建立三维空间物体、场景，并进行虚拟现实的展示。运用网络的用户能够浏览到由 VRML 创建的三维虚幻现实，改变时下网络与用户应用互动的局限性，使用户与计算机的需求互动更加便捷，从而全面展示了虚拟场景的沉浸性、交互性和自主性。

VRML 术语由 Dave Raggett 在 1994 年提交给第一届万维网会议 WWW 大会的一篇文章"扩展 WWW 以支持平台独立虚拟现实"中创造。其本质上是一种面向 Web、面向对象的三维造型语言，而且是一种解释性语言。VRML 的对象称为节点，子节点的集合可以构成复杂的景物。节点可以通过实例得到复用，对它们赋以名称，进行定义后，即可建立动态的虚拟世界。VRML 是 Internet 上基于 WWW 的三维互动网站制作的主流语言之一。

VRML 与 HTML 相同，可以理解为是 ASCII 码的描述性的语言。具体来说，就是一种编码文件，可用普通计算机中都包含的文本编辑器编写，还能使用 VRML 的专业编辑器来编写源程序。通过使用 VRML，用户可以自行构造出符合特定需求的模拟场景。HTML 已成为 Internet 上信息交流的标准语言格式，而 VRML 则是在 Internet 上构建、浏览三维虚拟场景的标准语言格式。VRML 文件以正文格式存储，并以 . wrl 或 . wrl. gz 作为扩展名。因为用浏览器访问，故 VRML 也具有平台无关性，使用方便。

（2）VRML 实例。

用记事本编辑如下的文件：

```
#VRML V2. 0 utf8
Shape {
        appearance Appearance {
                material Material { diffuseColor 1 0 0 }
        }
        geometry Box { }
}
```

将此文件保存为 box. wrl，用浏览器即可运行此文件（浏览器需要安装 VRML 插件）。

（3）用 3DS Max 模型建立 VRML 文件。

VRML 运用节点搭建环境，但是用节点来描述模型却难以达到具体逼真的现实设计效果，也不容易模拟包含复杂面的形体，而运用 3DS Max 则能够弥补这一不足。分析其过程如下：

①若要构建 VRML 的三维立体虚幻空间，首先需要启用 3DS Max，如此，将能够输出 VRML 97 的文件。单击 3DS Max 图标进入系统，并且使用各种建模方法搭建 VR 系统的实体化之后，就要单击 Create/Helpers，选择 VRML 97；此时，会弹出一个工具面板，面板上列示了 12 个 VRML 辅助工具，分别是：Anchor（锚传感器）、AudioClip（音频剪裁板）、Background（背景）、Billboard（广告牌）、Fog（雾）、InlineObject（在线帮助）、LOD（细节级别）、NavInfo（浏览信息）、ProxSensor（范围传感器）、Sound（声音）、TimeSensor（时间传感器）、TouchSensor（触动传感器）；相应地，就可添加协调辅助的工具，随后单击 File→Export 就会出现一个 SelectfiletoExport 对话框，单击"保存类型"下拉按钮，在弹出的下拉列表框中选取 VRML 97（∗. WRL）类型文件，确定文件名后单击"保存"按钮；其后出现 VRML 97 EXPORTER 对话框，选取系统默认值，单击 OK 按钮生成一个文件，文件的扩展名就是.wrl。

②将 3DS MAX 模型导入 VRML 场景。简单来说，即是先将 3D MAX 模型导出，保存为 3DS 格式，再合并 VRML。那些运用 VRML 开发设计的虚幻环境中，大部分实体都能够在 3DS Max 中完成模型创建，最后获得 VRML 形式的文件。例如，在建筑漫游环境里虚拟一部电梯（Loft）。电梯模型可以运用 3.5.2 小节中提及的 Polygon 建模来构建生成，并保存为 VRML 格式文件。而后，可结合 TouchSensor、TimeSensor 和 PositionInterpolator（位置插补器）节点来达到电梯门拉开与关闭的场景视觉效果。

2）X3D

（1）X3D 简介。

X3D 是一种专为万维网而设计的三维图像标记语言，是由 Web3D 联盟设计的、VRML 标准的、最新的升级版本。X3D 基于 XML 格式开发，所以可以直接使用 XML DOM 文档树、XML Schema 校验等技术和相关的 XML 编辑工具。X3D 整合正在发展的 XML、Java 等先进技术，包括了更强大、更高效的三维计算能力和渲染质量。X3D 已经是通过国际标准化组织（International Organization for Standardization，ISO）认证的国际标准。

（2）X3D 的特性。

VRML 和 X3D 有数次跟随显卡硬件发展的升级，现阶段多数的 DirectX 9.0c 和 OpenGL 2.0 GLSL 的功能特效都可以实现。X3D 的规格为支持显卡硬件的功能，添加了从底层的渲染节点，如支持三角形、三角形扇、三角形条带等基本渲染元素；支持设置显卡的混合模式和设置帧缓存、深度缓存、模板缓存的功能；还有节点能支持多纹理和多遍绘制，支持 Shader 着色，支持多渲染目标（Multiple Render Targets，MRT）、支持几何实例（Geometry Instance），支持粒子系统。2010 年人们就已经可以在 X3D 和 VRML 中使用延迟着色技术。现在的特效包括屏幕空间环境光遮蔽（Screen Space Ambient Occlusion，SSAO）和级联阴影贴图（Cascaded Shadow Mapping，CSM）阴影、实时环境反射和折射、基于实时环境和天光的光照、HDR、运动模糊、景深。X3D 支持对应 3DS MAX 标准材质的多种贴图/多纹理。

X3D 通过 H-anim 组件支持骨骼动画和蒙皮，也可通过原型扩展支持角色 AI 和动作混合。

X3D 通过 DIS 组件或 Networking 组件多支持多用户场景和事件共享。

现阶段有几个 X3D 引擎能支持 ODE 物理引擎或 PhysX 物理引擎。

X3D 浏览器可以通过插件的形式支持 Wii 控制器、Kinect 体感识别、DirectInput 等外设。X3D 浏览器可以通过插件支持语音识别和 TTS 文本朗读。

（3）X3D 和其他实时三维引擎的比较。

和最流行的 Web3D 引擎比较，VRML 和 X3D 的市场占有率都不高。这并不是因为 X3D 技术本身的缺陷，而主要是 X3D 的制作工具和开发环境相对落后。以前的支持"所见即所得"的 VRML 实时开发环境 Cosmo Worlds、ISA、Avatar Studio 都因为开发公司的转向而没有继续发展，而后面开发的 BS Editor、Flux Studio 等还没有完善。另外 X3D 也没有提供完善的功能包，而 Quest3D、Unity3D、3DVIA Virtools 都提供了完善的功能包。

（4）X3D 的推进。

在 Web3D 联盟和相关公司的推进下，现在可以在主流的浏览器中使用 XML DOM 文档树和相关脚本解析<X3D></X3D>标签中的三维内容。这主要是利用 HTML5 和 WebGL 的功能实现的。这是 X3D 的一个重大的推进，X3D/VRML 将推进到第四版（X3D 是第三版、

VRML 97 是第二版、VRML 是第一版），并再次提交给 ISO 审阅。因为免插件安装等特性，X3D 有望再次成为新的浏览器中的三维标准。

3）VRML/X3D 的现状

VRML/X3D 的影响力有限，将逐渐淡出人们的视线，原因是：未获大公司支持；目前功能十分有限；面临众多竞争对手，前面讲的虚拟现实引擎都有自己的网络发布功能，且更易使用；未获浏览器的默认支持；Flash 3D、HTML5/WebGL、Unity 已支持 WebGL 平台的发布。

2. WebGL/HTML5

1）WebGL

Web 图形库（Web Graphics Library，WebGL）是一种 JavaScript API，用于在任何兼容的 Web 浏览器中渲染 3D 图形，而无须使用插件。

WebGL 起源于 Mozilla 员工弗拉基米尔·弗基西维奇（Vladimir Vukicevic）2006 年的一项称为 Canvas 3D 实验项目；2011 年 3 月，Khronos Group 发布 WebGL 1.0 规范；WebGL 2.0 规范的发展始于 2013 年，并于 2017 年 1 月完成。该规范基于 OpenGL ES 3.0，首度实现在 Firefox 51、Chrome 56 和 Opera 43 中。

WebGL 完全集成到浏览器的所有 Web 标准中，允许 GPU 加速使用物理、图像处理及效果作为网页画布的一部分。WebGL 元素可以与其他 HTML 元素混合，并与页面或页面背景的其他部分进行合成。WebGL 程序运用 JavaScript 编写的控制代码和使用 OpenGL 着色语言（GLSL）编写的着色器代码，这类似于 C 语言或 C++，并且在计算机的 GPU 上执行。WebGL 由非营利性 Khronos 集团设计和维护。

为 WebGL 场景创建内容通常意味着使用常规 3D 内容创建工具，并将场景导出为可由查看器或帮助程序库读取的格式。桌面 3D 创作软件如 Blender、Maya 或 SimLab Composer 可用于此目的。特别地，Blend4Web 允许在 Blender 中完全创建一个 WebGL 场景，并通过单击将它导出到浏览器，甚至作为一个独立的网页。还有一些 WebGL 特定的软件，如 CopperCube 和在线 WebGL 编辑器 Clara. io。在线平台如 Sketchfab 和 Clara. io 允许用户直接上传其 3D 模型，并使用托管的 WebGL 查看器显示出来。

Firefox 还实现了内置的 WebGL 工具，允许编辑顶点和片段着色器，此外，出现了许多其他调试和分析工具。

X3D 还制作了一个名为 X3DOM 的项目，使 X3D 和 VRML 内容在 WebGL 上运行。3D 模型将在<X3D>HTML5 中使用 HTML5 标签，交互式脚本将使用 JavaScript 和 DOM。BS Content Studio 和 InstantReality X3D 导出器可以以 HTML 格式导出 X3D 并由 WebGL 运行。

2）HTML5

HTML5（HyperText Markup Language 5）是一种标记语言，HTML5 技术结合了 HTML4.01 的相关标准并革新，符合现代网络发展要求，旨在通过支持最新的多媒体来改善语言，同时保持通过计算机和设备（如网络）、浏览器、解析器等，使人类易于阅读的特点。HTML5 不仅包含 HTML4，还包含 XHTML1 和 DOM Level 2 HTML。它是 HTML 标准的第五个和当前版本。

HTML5 由不同的技术构成，其在互联网中得到了非常广泛的应用，提供了更多增强网络应用的标准。与传统的技术相比，HTML5 的语法特征更加明显，并且结合了可缩放矢量图形（Scalable Vector Graphics，SVG）的内容。这些内容在网页中使用可以更加便捷地处理多媒体内容，而且 HTML5 中还结合了其他元素，对原有的功能进行调整和修改，并进行标准化工作。HTML5 在 2012 年已形成了稳定的版本。2014 年 10 月，万维网联盟（World Wide Web Consortium，W3C）发布了 HTML5 的最终版。

为了更好地处理今天的互联网应用，HTML5 添加了很多新元素及功能：图形的绘制、多媒体内容、更好的页面结构、更好的形式处理和几个 API 拖放元素、定位，包括网页应用程序缓存、存储、网络工作者等。例如，语义化标签<header><nav><Section><footer>等，这样编程更规范，而有利于 SEO（搜索引擎优化）；表单功能的增强，<input>输入框的属性有 Multiple（多个值）等属性；音视频标签，<Video>是视频，<audio>是音频；图画标签，Canvas 画布，SVG 矢量图；拖放功能 Drag 和 Drop，任何元素都可拖放；本地存储，local-Stroage 和 sessionStorage。

HTML5 包括详细的处理模型，以鼓励更多的可互操作的实现；它延伸、改进和合理化可用于文档标记，并介绍了标记和 API 复杂的 Web 应用程序。由于同样的原因，HTML5 也是跨平台移动应用程序的候选者，因为它包括设计在低功耗设备的功能。

API 和文档对象模型（Document Object Model，DOM），现在是 HTML5 规范的基本部分，HTML5 还可以更好地定义任何无效文档的处理。

4.3　基于 3D MAX 和 VRP 平台的建模、渲染、烘焙技术

本节将介绍基于 3D MAX 和 VRP 平台的建模、渲染、烘焙技术及实操，让学生掌握 VRP 的使用方法。

4.3.1　何为渲染（Render）与烘焙（Baking）技术

简而言之，3D 渲染是使用计算机从数字 3D 场景生成 2D 图像的过程，也就是把做的贴图模型通过 MAX 等软件计算出来的 2D 图片效果。

一般来讲，烘焙是为了加速后续的其他过程进行的预先计算，如图 4-6 所示。根据所选选项的不同，从头进行渲染可能将花费大量的时间。因此，Blender（开源三维图形图像软件）允许为选择的物体提前"烘焙"渲染的一些部分。当单击"渲染"按钮时，整个场景的渲染将会更快，因为这些物体的颜色不需要重新计算。烘焙是三维软件的功能之一。

渲染烘焙创建一个网格物体渲染的表面的 2D 位图图片。这些图片会被使用物体的 UV 坐标重新映射到物体上。"UV"是纹理贴图坐标 U、V（它和空间模型的 X、Y、Z 轴是类似的）。它定义了图片上每个点的位置信息。这些点与 3D 模型是相互联系的，以决定表面纹理贴图的位置。UV 就是将图像上的每一点精确对应到模型物体的表面。在点与点之间的间隙位置由软件进行图像光滑插值处理，这就是所谓的 UV 贴图。烘焙是对每个独立网格完成的，而且是仅当网格已经被 UV 展开的情况下完成的。虽然配置和运行会花费时间，但是这将节省渲染时间。如果要渲染一个很长的动画，那么花费在烘焙上的时间要少于花费在渲染长动画每一帧上的时间。

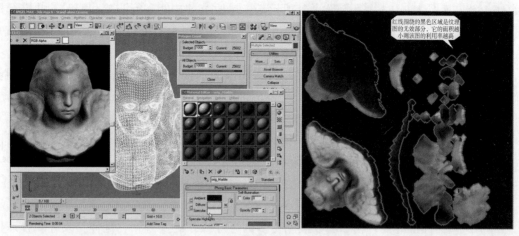

图 4-6 烘焙

在强光/阴影方案中使用渲染烘焙，例如环境光遮蔽（Ambient Occlusion，AO）或来自区域灯光的柔和阴影。如果为主物体烘焙 AO，那么将无须为完全渲染而启动它，从而节省了渲染时间。

1. 烘焙分为两个阶段

烘焙主要分为以下两个阶段。

（1）预渲染阶段：把物体在光照下的明暗信息保存为纹理（常被称为 light map，光照贴图）。

（2）实时渲染阶段：不再进行光照计算，而是采用预先生成的光照贴图来表示明暗效果。

2. 烘焙的特点

1）烘焙的优势

（1）可以显著减少渲染时间。

（2）使纹理绘图变得更简单。

（3）减少了多边形数量。

（4）使重复渲染变得更快，成倍减少时间。

2）烘焙的劣势

（1）物体必须是由 UV 展开。

（2）如果阴影被烘焙了，那么灯光和物体互相之间不能移动。

（3）大的文件（如 4 096×4 096）会是内存密集的，会像未做烘焙的渲染一样慢。

（4）人（人工）时间必须用在展开、烘焙和保存文件并应用纹理到一个通道上。

4.3.2 基于 3D MAX 和 VRP 平台的建模、渲染、烘焙技术实操

1. 基于 VRP 和 3DS MAX 的特点

VRP 使用方便，往往在 10 分钟内便可制作出一个独立运行、具有较强真实感的并且可

以实时交互的 VR 场景，便于了解 VRP 的工作流程。在这一过程中，不仅可以发现 VRP 对 3DSMAX 建模和渲染的限制很少，而且简单易用、高效便捷，相信也会给用户带来一种全新的体验。

VRP 完全兼容 3DSMAX5 和 3DSMAX6，本小节将提供两个范例文件，分别使用 3DSMAX5 和 3DSMAX6 建模和渲染。用户可以根据所使用的 3DSMAX 的版本来选择范例文件，3DSMAX5 和 3DSMAX6 在全部制作步骤中只有步骤 3 的烘焙部分略有不同，下面对这两个版本分别进行讲解。

本小节的范例文件（也可从 VRP 安装目录的 Samples 目录中找到）包括了 MAX 场景模型和 VRP 工程文件。

> 注意：3D MAX 与 3DS MAX 通常认为是一回事，只不过后者是软件名字，前者是软件做的事。

2. 实操步骤目录

步骤 1：在 3DS Max 中建立模型

步骤 2：在 3DSMAX 中渲染

步骤 3：在 3DSMAX 中烘焙

步骤 4：导出模型至 VRP-Builder

步骤 5：VRP-Builder 的基本操作说明

步骤 6：编辑运行界面

步骤 7：设置运行窗口，运行预览

步骤 8：存盘与打开

步骤 9：制作独立运行程序

3. 按照步骤操作

1）步骤 1：在 3DSMAX 中建立模型

首先制作一个简单的场景模型。用户也可以打开已有的 MAX 模型文件，直接进入下一步。VRP 对于建模阶段没有过多限制，只要是 MAX 标准的功能，就可以任意使用，包括设计模型和设定材质。唯一要注意的就是，必须养成良好的建模习惯，特别是在 VR 的建模中，更是要注意以下几点：

（1）场景的尺寸需与真实情况一致，单位合理，建一个边长 10 cm 的足球场或半径为 10 m 的杯子都是需要纠正的；

（2）在质量与速度之间做好权衡，尽可能降低场景的规模，包括面数和贴图量；

（3）对齐需要对齐的面和顶点，消除多余的点和烂面；

（4）合理的命名和分组。

本例使用毫米为单位（需要注意的是，当场景尺寸过大时，如大规模建筑群、城市等，建议不要使用毫米为单位，否则，VRP 中的数值太大不便查看），然后创建地面、墙面和其他物体。VRP 对模型建立的方式不做要求。

建立好场景模型后，设置材质，本例使用标准材质，并适当地对一些物体添加贴图。对材质的其他参数和名称可以根据自己的需要和习惯随意调节。因为本例将使用 Render To Texture

（渲染到纹理）来实现贴图，所以，这里的材质原则上可以设定为 MAX 自带材质的任意类型。

VRP 对灯光同样没有特别要求，按照需要设置合适的灯光和阴影参数即可。本例使用的是 Target Spot（目标聚光灯），并添加了一个 SkyLight（天空灯）。为了达到更好的效果，使用了 Area Shadows 阴影类型，也可以将它改为任何其他类型。它们的参数都是按照一般作图的布光方式进行设置。

最后创建一部相机，它可以输出到 VRP 中作为实时浏览的相机。对于相机的参数也没有特别的要求，而且它不是必须的。这样，场景就建立完成了，如图 4-7 所示。

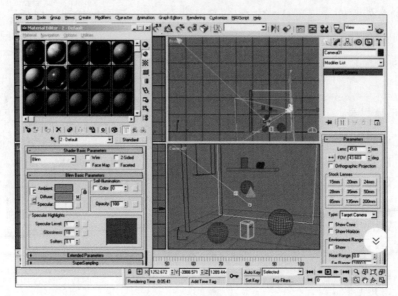

图 4-7　场景的建立

2）步骤 2：在 3DSMAX 中渲染

灯光、材质设置完后，可用 3DSMAX 默认渲染器 Scanline 渲染，也可使用高级光照渲染。场景在 VRP 里的实时效果依赖于在 3DSMAX 中的建模和渲染水平，渲染质量和错误都会影响实时效果。高级光照渲染可以产生全局照明等效果，这能使最终结果更逼真。当然也可以通过模拟全局光照的方法使用 Scanline 进行渲染，VRP 对此没有限制。

为加强真实感，在本例中使用 MAX 的高级光照渲染。打开渲染面板的高级光照面板，选择 LightTracer 调节参数，将 Bounces 设为 2，其他参数维持默认。渲染结果如图 4-8 所示，效果满意后第一阶段的工作就完成了。

3）步骤 3：在 3DSMAX 中烘焙

将上述这种非实时渲染的效果带到实时场景中去，就是这一步要做的工作。3DSMAX 的烘焙工具是 Render To Textureo，因为该工具在 3DSMAX 5 和 3DSMAX 6 两个版本中有所不同，所以分别对其烘焙过程进行讲述。

VRP 在导出的时候，能自动处理绝大多数 Render To Texture 的设置：如支持 TGA、BMP、JPG、PNG、DDS 格式的贴图，支持批量 tBaker，不需指定特定的 Channel 等。

（1）在 3DS MAX 5 中烘焙。

在 3DS MAX 中选中所有物体（按〈Ctrl+A〉组合键），单击 3DSMAX 菜单的 Rendering→

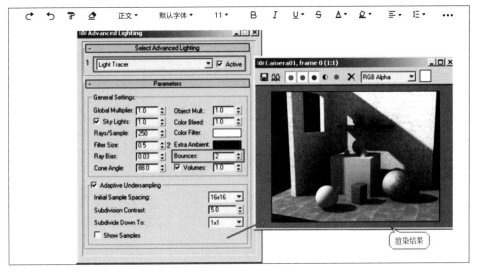

图 4-8　渲染结果

Render To Textur（或按快捷键〈O〉）可打开其设置面板。

　　按图 4-9 所示调节参数，重点注意图中带文字注释的部分，其他维持默认值即可，但如果默认值已经被误修改，那么根据图 4-9 恢复这些默认值。设置完毕后单击 Render 按钮开始烘焙。

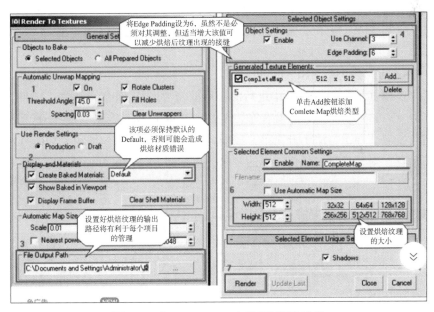

图 4-9　在 3DSMAX 5 中烘焙时调节参数

　　（2）在 3DSMAX 6 中烘焙。

　　在 3DS Max 中选中所有物体（按〈Ctrl+A〉组合键），单击 3DS Max 菜单的 Rendering→Render To Texture（或按快捷键〈O〉）可打开其设置面板。按图 4-10 所示调节参数，重点注意图中带文字注释的部分，其他维持默认值即可，但如果默认值已经被误修改，那么根据图 4-10 恢复这些默认值，对于这些参数的含义和设置，会在以后的教程中详细介绍。设置完毕后单击 Render 按钮开始烘焙。

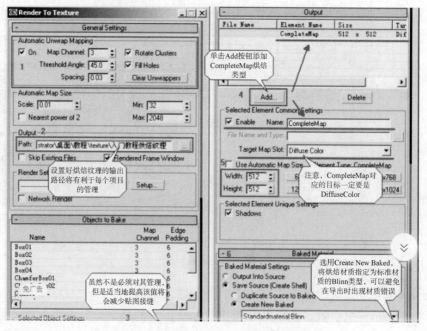

图 4-10　在 3DS Max 6 中烘焙时调节参数

烘焙时间会因计算机的硬件性能不同而异（经测试，在 2 GB 的 CPU 上，该场景的烘焙时间大约为 10 min）。烘焙过程中可按〈Esc〉键中断。这个过程是整个 VR 制作中最耗时的部分。

4）步骤 4：导出模型至 VRP-Builder

以上 3 个步骤都是在 3DSMAX 中进行的，后面就要利用 VRP-for-Max 插件，将这个场景导出至 VRP-Builder 中。如果还没有安装 VRP-for-Max 插件，则参看 VRP 系统帮助中的相关文档进行安装。导出方法十分简单，按图 4-11 所示进行操作即可。VRF-for-Max 导出过程非常自动化，对用户没有任何特定的要求，也不用在场景里添加任何额外的物体。

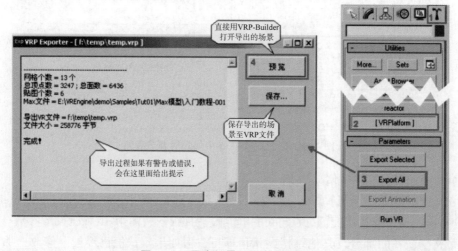

图 4-11　导出场景至 VRP-Builder

5）步骤 5：VRP-Builder 的基本操作说明

单击"预览"按钮后，VRP-Builder 的窗口会出现在眼前，如图 4-12 所示。如果看到的画面的贴图与图 4-12 不一致，则是步骤 3 的操作有误，请回到步骤 3。

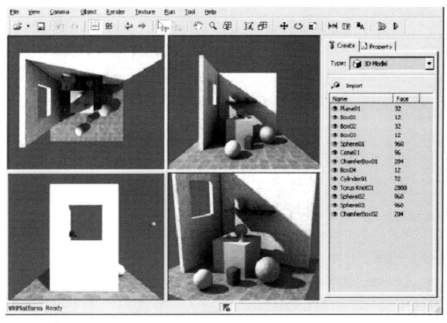

图 4-12 VRP-Builder 的窗口

在 VRP-Builder 中，所有的操作都是"所见即所得"，只要是熟悉 Windows 基本操作的人就能很快学会它。而且，其中的一些操作规范是与 3DSMAX 一致的，在 3DSMAX 中的操作习惯也可以轻松地带到 VRP-Builder 中来。

不过，VRP-Builder 也有一个自己特有的操作规范，就是双击选择物体。记住这点非常重要，无论是三维中的模型，还是界面编辑时的二维面板，都是通过双击来选中的，这样就可以把单击解放出来做其他工作。VRP-Builder 的一些基本工具按钮及其功能如表 4-1 所示。

表 4-1 VRP-Builder 的一些基本工具按钮及其功能

工具按钮	功能
Open Project	打开 VRP 工程文件（按〈Ctrl+ O〉组合键）
	打开历史文件列表
Save Project	保存 VRP 工程文件（按〈Ctrl+S〉组合键）
Split View	切分视窗（按〈Alt+W〉组合键）
Show/Hide Ground	显示/隐藏地面（按〈G〉快捷键）
Last/Next Viewport	重看上一视窗/返回下一视窗
Rotate Around Selected Objects	以被选物体中心为视角旋转中心（按〈Q〉快捷键）
Pan Camera	视窗平移（流动鼠标滚轮）

元宇宙技术：虚拟现实基础

续表

工具按钮	功能
Forward/Backward Camera	视点推拉（单击）
Forward/Backward Camera In All Views	在所有视窗中推拉视点
Best View	最大化显示被选物体（按〈Z〉快捷键）
Best View In All Views	在所有视窗中最大化显示被选物体
Pan Model	移动物体
Rotate Model	旋转物体
Scale Model	缩放物体
Measure Tool	测量工具，用于显示和调整被选物体的长、宽、高及单位
Screenshot Tool	抓屏工具，用于将当前视窗图像输出为静态二维图像文件
Software Antialiase	软件抗锯齿

6）步骤6：编辑运行界面

VRP-Builder 中的功能非常多，本例只对部分功能做简单介绍，其他功能可以自己去尝试。VRP-Builder 中集成了一个可视化的二维界面编辑器，可以为 VR 项目设计各式各样的界面加上面板和按钮，设置热点和动作。进入界面编辑器的方法如图4-13所示。

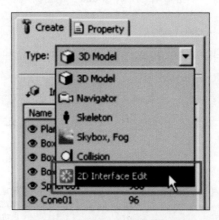

图4-13　进入界面编辑器的方法

注意：如果选择2D Interface Edit 进入界面编辑模式，将只能进行界面的编辑，无法进行任何三维中的操作。可以通过选择 Create 面板中的其他对象类型如 3D Model，以退出界面编辑模式。

在界面编辑器中（如图4-14所示），可以进行以下操作：
（1）界面上的布局可以任意设定，渲染区位置可以任意指定；
（2）添加删除面板；
（3）设置各个面板的坐标、颜色、贴图、透明度。

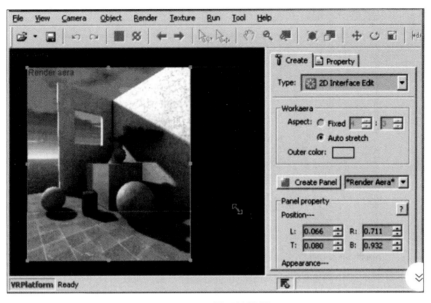

图 4-14　界面编辑器

7）步骤 7：设置运行窗口，运行预览

单击主工具条中的 ⚙ 2D Interface Edt（或按〈F4〉快捷键），打开运行设置窗口（如图 4-15 所示），在此窗口中可以设置运行时窗口的标题和窗口的大小，以及选择初始化的相机。

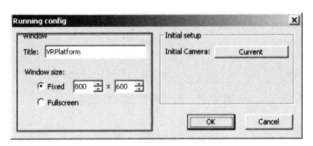

图 4-15　运行设置窗口

单击主工具条中的 ▷（或按〈F5〉快捷键）VRP-Builder 会启动一个内置的浏览器，将所编辑的场景以最终产品的形式展现出来，如图 4-16 所示。

8）步骤 8：存盘与打开

VRP-Builder 存盘文件的扩展名为.vrp，除贴图之外的所有信息（如网格、材质、坐标等）都保存在这个文件中。该文件可向下兼容，即新版本的 VRP-Builder 可以读取旧版本的 VRP 文件。

由于一个 VRP 文件的贴图文件可能散落于磁盘的任何位置，所以查找和管理起来很不方便；而且仅将 VRP 文件复制到其他机器上打开，也会出现找不到贴图的情况。针对这种情况，VRP-Builder 提供了将这些贴图收集起来复制到同一目录的方法。

每个 VRP 文件都有一个默认的贴图目录，其规则是，如果 VRP 文件名为 test. vrp，那么其贴图目录为 test_textures，如图 4-17 所示。

图 4-16　所编辑的场景以最终产品的形式展现

图 4-17　默认的贴图目录位置

　　单击 File→Save As（另存），系统会提出如下信息：只要是位于默认贴图目录里的贴图，如果将 VRP 文件及这个默认贴图目录复制到其他机器上，也可以照常打开，不会发生找不到贴图的情况。而且，贴图的集中存放也有利于管理。

　　与"另存"操作不同的是，VRP-Builder 在进行"保存"操作的时候，是不复制贴图的，这样可以减少磁盘的占用，并且避免因一个图片的版本过多而导致用户思维混乱。

　　9）步骤 9：制作独立运行程序

　　VR 场景在发布的时候，需要制成能够自运行的 exe 文件。在 VRP-Builder 的目录中可以通过简单的操作，将正在编辑的场景制成独立运行的 exe 文件。该 exe 文件具有以下特点：

　　（1）自解压，无须安装，运行完后不产生垃圾文件；

　　（2）内嵌的浏览器只有 1.2 MB，客户机无须安装任何运行环境；

　　（3）压缩包内的场景数据精简高效，文件小，便于下载。

　　单击 File→Build Stand Alone Executable File（如图 4-19 所示），在弹出的窗口中确认保存的路径和文件名称，确认好后单击 Build it! 按钮，即可开始编译 exe 文件。

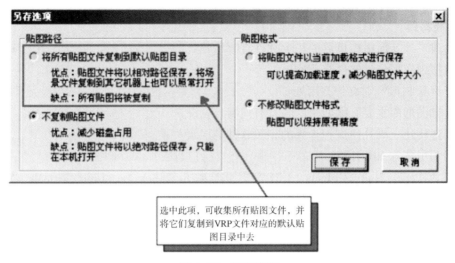

图 4-18　另存选项

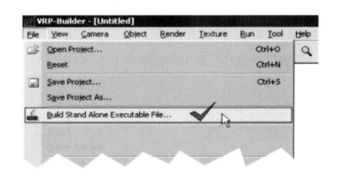

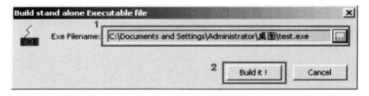

图 4-19　编译 exe 文件

编译完成后，一个新生成的 exe 文件会出现在指定的目录中，运行此文件，可交互的 VR 场景就会呈现在面前（参见图 4-16）。

从上面的步骤可以看出，VRPlatform 平台具有很强的灵活性，可以方便地将场景从 3DS Max 中导出，可以快速地在 VRP-Builder 中对最终产品进行编辑和运行预览，也可以很方便地将最终产品打包，制成独立的 exe 文件。

习　题

一、填空题

虚拟现实是一项综合集成技术，涉及＿＿＿＿＿＿、＿＿＿＿＿＿、＿＿＿＿＿＿、

_____等领域。

二、简答题

1. 构建三维几何虚拟世界的相关软件有哪些？

2. 虚拟现实平台类软件有哪些？

3. 什么是 SDK？它有什么用处？

4. 基础图形库主要有哪两个？各自有何特点？

5. 简述构建三维几何虚拟世界的相关软件的层级关系。

6. 何为引擎与 VR 引擎？

7. 何为 Vega、Unity/Virtools、VRP？按照图 4-5 叙述 Vega、Unity/Virtools、VRP 的比较的结论是什么？

8. 何为 Unreal 及其特点？

9. 简述仿真引擎与游戏引擎的异同。

10. 简述 OIV 与 VRML 的关系。

11. 虚拟现实的网络规范语言有哪些？各自有何特点？VRML/X3D 的现状如何？

12. 试按 4.2.3 小节的实例及其步骤，用 3DS MAX 模型建立 VRML 文件。

13. 何为渲染与烘焙技术？

14. 试按 4.3.2 小节的实例及其步骤，进行基于 3DS MAX 和 VRP 平台的建模、渲染、烘焙技术实操。

第5章　Unity 引擎基础

知识目标：了解 Unity 引擎平台及其界面、菜单栏、工具栏，Unity 的脚本参考，Asset Store，Unity 官网培训资源，Unity+ Leap Motion 和 Unity+Kinect 开发等知识及实例，为基于引擎的 VR/AR/MR 开发等奠定基础。

能力目标：能安装 Unity3D 并了解其界面。

思政目标：树立"千里之行始于足下"，重视基础的理念。

5.1　Unity 引擎平台介绍

本节将介绍 Unity 引擎平台及其界面、菜单栏、工具栏，Unity 的脚本参考，Asset Store，Unity 官网培训资源，使同学们能安装 Unity3D 并熟练使用。

5.1.1　Unity 及其界面、菜单栏、工具栏

1. Unity3D 简介

Unity3D 是由 Unity 公司开发的游戏开发工具，作为一款跨平台的游戏开发工具，它从一开始就被设计成易于使用的产品，支持包括 iOS、Android、PC、Web、PS3、XBOX 等多个平台的发布。同时作为一个完全集成的专业级应用，Unity 还包含了价值数百万美元的、功能强大的游戏引擎，具体的特性包含整合的编辑器、跨平台发布、地形编辑、着色器、脚本、网络、物理、版本控制等。

在快速开发方面，Unity 引擎主要支持 C#、JavaScript 和 Boo 3 种语言脚本，同时支持所有主要的美术资源文件格式，能够让一个从来没有游戏开发经验的开发者在短短几个小时之内就能参照例子制作出一款 3D 的 FPS 游戏。Unity 所提供的简易工作流并不意味着其功能简单。Unity 具有高度优化的图形渲染管道，内嵌了 Mecanim 动画系统、Shuriken 粒子系统、Navigation Mesh 寻路系统等，还引入了众多业界知名的游戏中间件，包括 Autodesk Beast 烘焙工具、Umbra 遮挡剔除工具、NVIDIA PhysX 物理引擎等。

特别地，Unity 引擎还提供了一个网上资源商店（Asset Store），任何 Unity 引擎用户都

可以在这个平台上购买和销售 Unity 相关的资源，包括 3D 模型、材质贴图、脚本代码、音效、UI、扩展插件等。用户可以通过下载资源商店中的内容节省宝贵的项目开发时间和成本，也可以通过它来销售自己制作的产品。更加难能可贵的是，Unity 还为用户提供了一个知识分享和问答交流的社区（http：//udn. unity3d. com/）。Unity 已经拥有了数百万的注册开发者，他们在这个社区里获取信息并分享经验，形成了一个非常良好的互动环境。

Unity 推出高版本时，表示会保证 Unity 爱好者、学生和独立开发者等群体的使用体验，Unity Personal 个人版仍将免费开放，Unity Plus 加强版的价格不高，定价不变。Unity 3 代表了一个质的飞跃——内置的光照贴图（Light Mapping）、遮挡剔除（Occlusion Culling）和调试器。编辑器经过彻底革新，让用户可以获得卓越的性能体验。不可思议、无法阻挡的产品已经看到了曙光。

2022 年 7 月推出的 Unity 7.6 是 6 年来 Unity 的第一个重要版本（上一个版本还是在 2016 年 5 月）。官方已经重新启动了 Unity 7 的积极开发，并将定期发布具有更多功能的新版本。现在已经为 Ubuntu Unity 22.04 用户发布了一个更新，所以用户可以通过运行 sudo apt update && sudo apt upgrade 来升级到 Unity 7.6。下面是 Unity 7.6 中的一些变化。

（1）仪表盘（应用启动器）和抬头显示（Head-Up Display，HUD）系统已经被重新设计，使其看起来更现代。

（2）为 Unity 和 unity-control-center 增加了对重点颜色的支持，并更新 unity-control-center 的主题列表。

（3）修复了仪表盘预览中损坏的应用信息和评级。

（4）在 unity-control-center 中更新了信息面板。

（5）改进了仪表盘的圆角。

（6）修复了 Dock 中的"清空垃圾桶"按钮。

（7）将完整的 Unity 7 shell 源代码迁移到 GitLab，并使其在 Ubuntu Unity 22.04 上进行编译。

（8）设计更加扁平化，但保留了全系统范围的模糊效果。

（9）Dock 的菜单和工具提示被赋予了一个更现代的外观。

（10）低图形模式现在工作得更好，仪表盘速度也比以前快。

（11）现在 Unity 7 的内存占用率略低，而 Ubuntu Unity 22.04 的内存占用率已降低至 700~800 MB。

（12）修复了独立测试的 Unity 7 启动器。

（13）有问题的测试已经被禁用，构建时间大大缩短。

如图 5-1 所示是 Unity 7.6 的部分屏幕截图。

Unity3D 的经典演示就是热带的岛屿，工期为 3 个人一周完成，可以将其看作一个效果展示，主要展示了地形、水、光影效果。相信很多人看过后都会联想到《孤岛惊魂》游戏的引擎 CryEngine，因此 Unity3D 受到了国内很多游戏开发者和 VR 开发者的青睐，他们非常看好 Unity3D 的前景。

2. Unity 的界面布局

Unity 提供了功能强大、界面友好的 3D 场景编辑器，许多工作可以通过可视化的方式来完成而无须任何编程，而且编辑器在 Windows 和 Mac OS 下还拥有非常一致的操作界面，用户可在两个平台之间轻松切换工作。

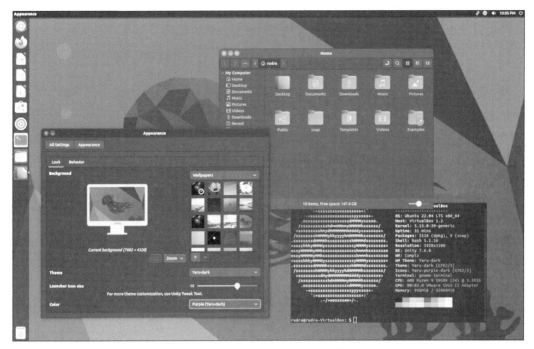

图 5-1　Unity 7.6 的部分屏幕截图

Unity 界面具有很大的灵活性和定制功能，用户可以依据自身的喜好和工作需要定制界面所显示的内容。Unity 界面主要包括菜单栏、工具栏以及相关的视图等内容，如图 5-2 所示。

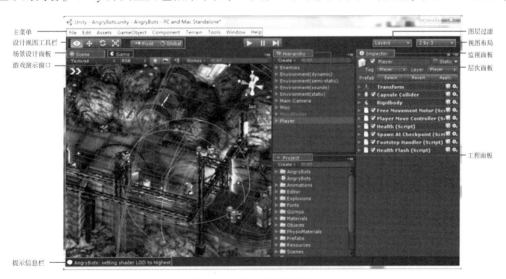

图 5-2　Unity 界面布局

当然，刚开始学习 Unity3D 时要了解 Unity3D 的五大界面和菜单栏中的九大菜单。

（1）Unity3D 重要的五大界面（面板）：

①场景（Scene），建游戏的地方；

②层次（Hierarchy），场景中的游戏对象都列在这里；

③检测面板（Inspector），当前选中的资源或对象的设置，是一些变量和组件的集合；

④游戏（Game），演示窗口，仅在播放模式中演示；

⑤项目（Project）一些资源的列表，和库的概念一样。

（2）了解菜单栏中的九大菜单：File（文件）、Edit（编辑）、Assets（资源）、Game-Object（游戏对象）、Component（组件）、Terrain（地形）、Tools（工具）、Window（窗口）、Help（帮助），熟悉这些菜单中的每一个命令对以后的游戏制作大有帮助。

3. Unity 的菜单栏

菜单栏是学习 Unity 的重点，通过菜单栏的学习可以对 Unity 各项功能有一个直观的了解。Unity 的很多的通用任务和命令，如打开场景、创建 GameObject 和组件，以及访问各种窗口和 Layout，就可以通过 Unity 的菜单进行访问。图 5-2 显示了菜单栏及其选项（菜单），下面简要浏览这些菜单和其中包含的内容。

1）File（文件）菜单

File 菜单主要用于打开和保存场景项目，也可以用于创建新场景。File 菜单包含的命令如下。

New Scene（新建场景）：在现有项目中创建并加载一个新的空场景。

Open Scene（打开场景）：从文件浏览器中加载一个现有的场景。如果要加载的场景不属于当前的项目，就会得到提示。

Save Scene（保存场景）：保存当前加载的场景。如果场景尚未保存到硬盘驱动器中，会提示用户输入一个文件名。

Save Scene as（另存场景）：允许用一个文件浏览器保存当前加载的场景。

New Project（新建项目）：打开项目向导开始创建一个新的项目，完全没有任何现有的内容。

Open Project（打开项目）：打开文件浏览器，允许加载一个已经存在的项目。

Save Project（保存项目）：将任何更改保存到当前加载的项目中。

Build Settings（发布设置）：打开 Build Settings 屏幕，允许在发布游戏前设置生成场景和项目的选项。

Build & Run（发布并执行）：根据已经预设的选项生成并运行游戏。如果没有预设或如果没有添加要生成的场景，那么 Build Settings 屏幕会被打开。

Exit（退出）：退出 File 菜单。

2）Edit（编辑）菜单

Edit 菜单用于场景对象的基本操作（如撤销、重做、复制、粘贴）以及项目的相关设置。除了有 Redo（重做）、Cut（剪切）、Copy（复制）、Paste（粘贴）等，Edit 菜单还包括以下。

Duplicate（复制）：复制 Scene 或 Project Browser 中当前所选中的项。

Delete（删除）：删除 Scene 或 Project Browser 中当前所选中的项。

Frame Selected（缩放窗口）：当单击 Scene View 时，移动当前相机聚焦和对准选中的项。

Lock View to Selected（聚焦）：锁定当前相机到当前选定的对象。当一个 GameObject 播放在场景中移动的动画时，这个命令非常有用。

Find（搜索）：在当前选定的窗口（如果适用）高亮搜索栏。当需要处理大量的资产，并在 Scene View、Hierarchy 或 Project Browser 中查找特定对象时，该命令非常有用。

Select All（选择全部）：选择当前激活的面板中的所有资产。

Preferences（偏好设置）：弹出 Unity Preferences 窗口，允许为编辑器、外部工具和热键进行自定义。

Play（播放）：让用户进入游戏模式，实时地玩并测试游戏。

Pause（暂停）：在当前时间点暂停游戏。

Step（单步执行）：继续暂停中的游戏，并执行到设置的下一个断点。

Selection（选择）：允许为 Scene View 中的大量资产创建一个快速选择集合，可用于快速且方便地在游戏中选择大量的东西，如场景的点光源。

Project Settings（项目设置）：一个项目相关的参数子菜单，可以设置影响游戏的整体设置。一个例子是 Audio 子菜单，用于控制游戏的音量和立体声输出。

Network Emulation（网络仿真）：各类网络设置，用于模拟游戏的网络连接速度，可用于模拟可能不具备较好网络连接的环境。

Graphics Emulation（图形仿真）：可以模拟比流行的平台的图形性能更低的平台，以便准确地反映游戏在特定的设备上的效果。

Snap Settings（吸附设置）：设置捕捉工具将对象对齐到网格上的特定点时的单位。

3）Assets（资源）菜单

Assets 菜单主要用于资源的创建、导入、导出以及同步相关的功能。Assets 菜单包含的命令如下。

Create（创建）：包含一系列的项目资源，如预置的 GameObject、文件夹和字体。

Show in Explorer（文件夹显 7K）：使用计算机上的文件浏览器打开资产所在的目录。

Open（打开）：以资产扩展名相关联的程序打开资产。例如，打开一个 TIFF 文件可能会打开一个 2D 图像编辑器，如 Adobe Photoshop。

Delete（删除）：从项目和硬盘中同时删除资产。这种方法比从文件浏览器中删除资产更安全。

Open Scene Additive（打开添加的场景）：包含导入新资源、导入资源包和导出资源包。

Import New Asset（导入新资源）：打开文件浏览器，让用户浏览和查找并不属于当前 Unity 项目的资产。

Import Package（导入资源包）：导入自定义或预装包的一个下拉菜单。包是一组捆绑在一起更容易分发的资产。

Export Package（导出资源包）：允许用户把一套从层次结构或项目视图中选择的 GameObject 进行捆绑，然后将其导出用于其他项目。

Find References In Scene（在场景中找出资源）：当适用时，显示哪一个 GameObject 有一个链接引用了当前选择的资产。

Select Dependencies（选择相关）：当适用时，显示依赖于所选资产的资产清单。

Refresh（刷新）：将任何 Unity 之外进行的最新修改同步到选定的资产。

Reimport（重新导入）：重新导入选定的资产，如果用户项目使用了版本控制系统，这将非常有用。

Reimport All（重新导入所有）：同 Reimport，但对象是整个项目的所有资产。

Open C# Project（打开 C#项目）：将用户项目与 MonoDevelop 编辑器同步，允许两者之间的实时互操作性。

4）GameObject（游戏对象）菜单

GameObject 菜单主要用于创建、显示游戏对象。

5）Component（组件）菜单

Component 菜单主要用于在项目制作过程中为游戏物体添加组件或属性。

6）Terrain（地形）菜单

Terrain 是 Unity3D 提供的用于绘制地形的游戏对象，可以在其上绘制山地、江海、池塘、草树等。用户可以通过 GameObject→3D Object→Terrain 新建地形。

7）Tools（工具）菜单

Tools 菜单是自己学习并编写的 Unity 的各种实用工具。

8）Window（窗口）菜单

Window 菜单主要用于在项目制作过程中显示 Layout（布局）、Scene（场景）、Game（游戏）和 Inspector（检视）等窗口。

9）Help（帮助）菜单

Help 菜单主要用于帮助用户快速学习和掌握 Unity3D，提供当前安装的 Unity3D 的版本号。

4. Unity 的工具栏

Unity 的工具栏主要由图标组成，位于菜单栏的下方，其提供了常用的功能的快捷访问。Unity 的工具栏主要包括 Transform（变换）工具、TransformGizmo（变换 Gizmo）切换工具、Play（播放）控件、Layers（分层）下拉列表和 Layout（布局）下拉列表，如图 5-3 所示。

图 5-3　Unity 的工具栏

1）Transform（变换）工具

Transform 工具主要应用于 Scene 视图，用来控制和操作场景以及游戏对象，从左到右依次是 Hand（手形）工具、Tanslate（移动）工具、Rotate（旋转）工具、Scale（缩放）工具和 Rectangle（矩形）工具。

Hand 工具（或按快捷键〈Q〉）：可以整体平移 Scene 视图。

Translate 工具（或按快捷键〈W〉）：可以在 Scene 视图中先选择模型对象，这时候会在该对象上出现 3 个方向的箭头（代表物体的三维坐标轴），然后通过在箭头所指的方向上拖移物体可以改变物体的某一轴向上的位置。用户也可在 Inspector 视图中查看或直接修改所选择的模型对象的坐标值。

Rotate 工具（或按快捷键〈E〉）：可以在 Scene 视图中按任意角度旋转选中的对象。

Scale 工具（或按快捷键〈R〉）：可以在 Scene 视图中缩放选中的模型对象。

Rectangle 工具：在 Scene 视图中，对准矩形的 4 个角，按住鼠标左键拖动，游戏对象在某一面上的缩放会发生变化；对准矩形内部任意位置，按住鼠标左键拖动，游戏对象在某一面上的位置会发生变化；在稍微远离角点的位置悬停光标，鼠标光标看起来像旋转符号，按住鼠标左键拖动，游戏对象在某一面上的旋转状态会发生变化。

2）TransformGizmo（变换 Gizmo）切换工具

TransformGizmo 切换工具主要用于改变游戏对象的轴中心：Center 为轴在物体中心，Pivot 为轴是物体导入时的中心轴；还有改变物体坐标（主要用于旋转）：Global 是世界坐标；Local 是自身坐标等。

3）Play 控件

Play 控件中包含各种按钮，如播放、暂停、逐帧运行等。

播放：单击，开始游戏，再次单击，游戏结束。

暂停：单击，暂停游戏，再次单击，游戏恢复正常。

逐帧运行：这里需要注意，Unity 是以"帧"为单位来进行游戏开发的，需要理解"帧"的概念；游戏运行时单击该按钮会自动暂停游戏，此后每次单击该按钮时，都会一帧一帧地向下进行游戏。

小技巧：在游戏非运行状态单击"暂停"按钮，然后单击"播放"按钮，游戏会自动暂停在第一帧。

4）Layers（分层）下拉列表

图 5-4　Layers（分层）下拉列表

如图 5-4 所示，Layers 下拉列表用来控制 Scene 视图中显示的对象，单击"小眼睛"图标会开启或关闭对应层级下游戏对象的展示；单击"小锁"图标会禁用在 Scene 视图中选取对应层级下游戏对象的功能，就是不能选中对应的游戏对象。

注意：上面说的"小锁"图标，只会禁用用户在 Scene 视图中选中对应层级的游戏对象，但不会禁止在 Hierarchy 视图中选中对应层级的对象。

5）Layout（布局）下拉列表

该功能会影响 Unity 的界面布局；也可以自定义一种布局方案，然后保存在 Unity 中。

注意：该功能不好用动图展示。

5.1.2　Unity 的脚本参考（Scripting Reference）

1. Unity3D 脚本

在掌握了 Unity3D 的基本操作后，我们要了解游戏系统的核心部分：脚本。

什么是脚本（Script）？简而言之，脚本就是使用代码来执行一系列动作命令的特殊文本，它需要编译器来重新解读。Unity3D 内部如何解读脚本，这不是我们所要关心的，我们需要知道的是脚本的使用规则。

Unity3D 支持 JavaScript、C#、Boo 3 种语言格式的代码编写。下面简单介绍这 3 种语言的特点。

1）JavaScript

对 Unity3D 来说，这是入门级的脚本语言，其内置的函数都能通过 JavaScript 方便地调用。语法上，JavaScript 和传统的 C 语言差不多，需要分号结束符、变量类型定义、大括号等。不过它的变量类型定义，位于冒号的右边，如 Name：string = "Li"。相对其他两种语言，很多函数不需要实例化就能直接使用 JavaScript 语法，如 vector3 direction = vector3(1，2，3)。如果使用 C#，则需要使用 new 关键字，如 vector3 direction = new vector3(1，2，3)。

JavaScript 直接继承自 Unity3D 的 MonoBehaviour 类，因此不像 C#和 Boo 那样需要使用 Using或 Import 来加载类库。这看似省心，不过因为缺少了加载特殊类库，JavaScript 能调用的第三方函数不多。

> 注意：JavaScript 不是 Java，同时，Unity3D 中的 JavaScript 也有别于独立的 JavaScript 语言。

2）C#

C#（发音 C Sharp），是由微软开发的面向对象编程语言（在刘甫迎主编的电子工业出版社出版的《C#程序设计教程（第5版）》中有详细介绍）。由于有强大的 net 类库支持，以及由此衍生出的很多跨平台语言，C#逐渐成为 Unity3D 开发者推崇的程序语言。Unity3D 内置的脚本范例中，C#脚本也占了很大一部分（其他脚本是 JavaScript 脚本）。

另外，在装有 Visual Studio 的计算机上，也可以使用微软的脚本编辑工具来编写 Unity3D 脚本。

3）Boo

Boo 是新兴的、基于 Python 的语言。语法上，Boo 和 Python 大同小异，都是通过换行来实现语句的结束，它省略了分号、大括号，甚至条件语句的小括号等。Python 在很多大型三维图形软件上都有应用，由此可以看出它的跨平台性能很不错，本书也选择使用 Python 来编写 Maya 特效脚本。不过，对于游戏事件的编写，采用这种精简的语法反而有些难以适应。例如，基本的变量类型定义，Boo（类 Python）语法就显得不那么便捷：direction as vector3 = vector3(1，2，3)。游戏事件不同于特效脚本，前者是过程中的交互，而后者只需要看到结果。因此，游戏中经常需要大量的、具有明确类型的变量出现，Boo 可以省略变量类型定义的优势在这里反而成为缺点，容易产生问题。

在引擎编译时，3 种语言的执行效率是一样的，因为 Unity3D 会在内部进行它自己的语言格式的转换。尽管可以在不同语言编写的脚本之间进行变量和方法的调用，但是不推荐那么做，因为测试确实会存在一些意想不到的问题。使用不同语言编写多个脚本时，应尽量让脚本之间没有直接联系。

2. 脚本的使用规则

Unity3D 的脚本作用方式很有趣，可称为"拖放法"。无论是作用在一个具体的场景物体还是管理着批量的物体，脚本必须依附于场景中的一个元素才能被执行。要将脚本赋予物体的方式很简单，就是按住鼠标左键，将脚本文件拖放到物体的属性面板上（也可以拖放到场景的物体上），如图 5-5 所示。Unity3D 有一个概念，那就是 Component（组件）——类似 Maya 的节点。包括脚本，所有元素属性都是游戏物体的 Component。添加、删除、停用、读取、写入 Component 信息，就是脚本所要做的（尽管脚本也是一个 Component）。

net 语言的 C#，在不同脚本之间调用变量和方法时，如果脚本位于同一路径下，那么只需要对非 static（静态）成员进行 new 实例化即可。例如，a. cs 和 b. cs，要调用脚本 a 中的一个非静态变量 cc，需要在脚本 b 中写入 a c = new a()，然后 c. cc 的格式就完成调用。不过，作为一个 Component，要调用不同脚本之间的成员，Unity3D 的规则是使用 GetComponent()函数来

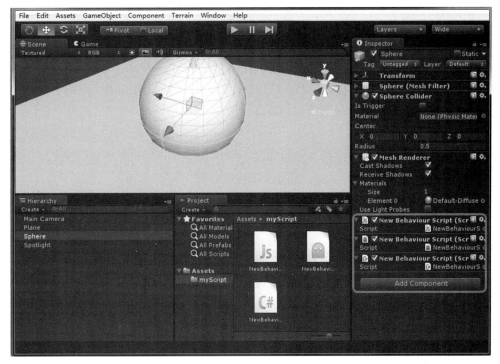

图 5-5　为元素添加脚本

完成（其实也就相当于 new 的作用，只是 Unity3D 不支持这种脚本间调用的写法）。例如：

someScript＝GetComponent<ExampleScript>();

"<>" 这个特殊的符号表示使用的是 C# 中的泛型功能，用于避免强制类型的转换，减少装箱量（将值类型转为引用类型的操作）。

如果是在 C# 脚本中调用 JavaScript 脚本，则使用强制类型转换语法：

someScript＝GetComponent("ExampleScript") as ExampleScript;

根据脚本使用的情况，可以有以下做法。

（1）脚本位于同一个物体上：可直接使用泛型或类型转换语法调用。例如：

someScript＝GetComponent<Example Script>();

（2）脚本位于不同物体上：需要使用 Find() 或相关的搜索函数，取得指定名称的物体信息后，再增加 . GetComponent() 函数。例如：

GameObject. Find("stone"). GetComponent<ExampleScript>()。

（3）脚本位于同一路径或被调用脚本位于主脚本的路径及以下（脚本是否被物体使用都可）：将被调用脚本中的成员（变量或方法）使用 static 标识，然后可以通过 "脚本 . 成员" 的格式直接调用。例如：

Scripta. cs

public static mm();

Scriptb. cs

Scripta. mm();

不过，static 成员的调用虽然提高了效率，但因为它常驻内存，所以要在会产生大量系统资源要求的情况下慎用。

3. 脚本概览

1）脚本对象内部函数

Unity 内部的脚本，是通过附加自定义脚本对象到游戏物体组成的。在脚本对象内部不同的函数被特定的事件调用。最常用的函数如下。

（1）Update( )。

这个函数在渲染一帧之前被调用，这里是大部分游戏行为代码被执行的地方，除了物理代码。

（2）FixedUpdate( )。

这个函数在每个物理时间步被调用一次，这是处理基于物理游戏的地方。

2）函数之外的代码

在任何函数之外的代码在物体被加载的时候运行，这个可以用来初始化脚本状态。

> **注意**：文档的这个部分假设是用 JavaScript 编写，参考用 C#编写获取如何使用 C#和 Boo 编写脚本的信息。

也能定义事件句柄，它们的名称都以 On 开始，（如 OnCollisionEnter），为了查看完整的预定义事件的列表，可参考 MonoBehaviour 文档。

3）概览：常用操作

大多数游戏物体的操作都是通过游戏物体的 Transform（变换）或 Rigidbody（刚体）来做的，在行为脚本内部它们可以分别通过 transform 和 rigidbody 访问，因此如果想围绕 Y 轴每帧旋转 5 度，则可以编写如下：

```
function Update( ){
transform. Rotate(0,5,0);
}
```

如果想向前移动一个物体，则应该编写如下：

```
function Update( ){
transform. Translate(0,0,2);
}
```

4）概览：跟踪时间

Time 类包含了一个非常重要的类变量，称为 deltaTime，这个变量包含从上一次调用 Update 或 FixedUpdate（根据是在 Update( )函数还是在 FixedUpdate( )函数中）到现在的时间量。

因此，对于上面的例子，修改它使这个物体以一个恒定的速度旋转而不依赖于帧率：

```
function Update( ){
transform. Rotate(0,5* Time. deltaTime,0);
}
```
移动物体：
```
function Update( ){
transform. Translate (0,0,2* Time. deltaTime);
}
```

如果加或减一个每帧改变的值，则应该将这个值与 Time. deltaTime 相乘。当乘以 Time. deltaTime 时，实际的含义就是：以 10 米/秒而不是 10 米/帧移动这个物体。这不仅仅是因为游戏将独立于帧而运行，也是因为运动的单位（米/秒）容易理解。

另一个例子，如果想随着时间扩大光照的范围，则下面的表达式为以 2 单位/秒改变半径。

```
function Update (){
light. range += 2. 0 *  Time. deltaTime;
}
```

当通过力处理刚体的时候，通常不必用 Time. deltaTime，因为引擎已经为用户考虑到了这一点。

5）概览：访问其他组件

组件被附加到游戏物体上：附加 Renderer 到游戏物体上使它在场景中渲染，附加一个 Camera 使它变为相机物体。所有的脚本都是组件，因为它们都能被附加到游戏物体上。

最常用的组件可以作为简单成员变量访问，Component 可如下访问：

```
Transform transform
Rigidbody rigidbody
Renderer renderer
Camera camera (only on camera objects)
Light light (only on light objects)
Animation animation
Collider collider
```

对于完整的预定义成员变量的列表，可查看 Component、Behaviour 和 MonnoBehaviour 类文档。如果游戏物体没有想取的相同类型的组件，则上面的变量将被设置为 null。

任何附加到一个游戏物体上的组件或脚本都可以通过 GetComponent 访问。

```
transform. Translate(0,1,0);
//等同于
GetComponent(Transform). Translate(0,1,0);
```

注意：transfom 和 Transform 之间大小写的区别，前者是变量（小写），后者是类或脚本名称（大写）。大小写不同使其能够从类和脚本名中区分变量。

应用所学，可以使用 GetComponent( ) 函数找到任何附加在同一游戏物体上的脚本和组件，请注意要使用下面的例子才能够工作，需要有一个名为 OtherScript 的脚本，其中包含一个 DoSomething( ) 函数。OtherScript 脚本必须与下面的脚本附加到相同的物体上。

```
//这个在同一游戏物体上找到名为 OtherScript 的脚本
//并调用其上加的 DoSomething( )
function Up date(){
otherScript = GetComponent(OtherScript);

otherScript. DoSomething();
}
```

Unity 内部的脚本还有很多，这里就不再赘述。如果有需要可上网查阅 Unity3D 脚本参考大全。

5.1.3 Asset Store

Unity 的资源商店（Asset Store）是由 Unity 技术和社区成员创建的免费和商业资产不断增长的图书馆的所在地。在资源商店中，用户可以使用各种资源，涵盖从纹理、模型和动画到整个项目示例，教程和编辑器扩展的所有内容。资产从 Unity Editor 中内置的简单界面进行访问，直接下载并导入项目。

1. 导航访问

用户可以通过从主菜单中选择 Window→AssetStore 来打开资源存储窗口。在第一次访问时，系统将提示创建一个免费的用户账户，以便随后访问该商店。

2. 资源商店首页

资源商店提供了一个类似浏览器的界面，允许用户通过自由文本搜索或浏览包和类别进行浏览，如图 5-6 所示。主工具栏的左侧是用于浏览查看项目的历史记录的熟悉浏览按钮 ◀ ▶ ⌂ 。右侧是用于查看下载管理器和购物车当前内容的按钮 ⬇ 🖨 。

图 5-6 Unity 的资源商店首页

下载管理器（如图 5-7 所示）允许用户查看已经购买的软件包，还可以查找和安装任何更新。此外，Unity 提供的标准包可以使用相同的界面查看并添加到用户的项目中。

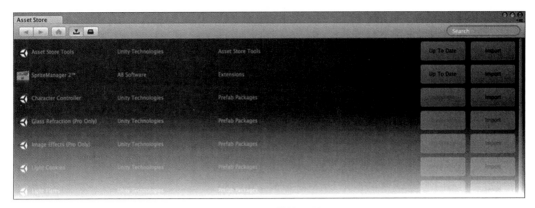

图 5-7　下载管理器

3. 下载资源文件的位置

很少需要直接访问从资源商店下载的文件。但是，如果需要直接访问从资源商店下载的文件，则可以在这里找到它们：

　~/Library/Unity/Asset Store

　…在 Mac 上

　　C:\Users\accountName\AppData\Roaming\Unity\Asset Store

　…在 Windows 上

这些文件夹包含与特定资源商店供应商相对应的子文件夹（实际的资产文件包含在相应的子文件夹中）。

5.1.4　Unity 官网培训资源

Unity 官方提供了丰富的学习和参考资源，有以下类别：Unity 手册以及 API 文档；Unity 的官方教程；Asset Store。

1. Unity 手册以及 API 文档

前面介绍过，安装 Unity 时，提供了可选安装包，只要安装即可获得此文档。本地文档可以在 Unity 安装目录下找到，在线文档可以通过网址：https://docs.Unity3D.com/Manual/index.html 来查阅。

一般学习的过程是，首先查看某个模块，通过 Unity 手册（如图 5-8 所示）详细了解此模块的细节，然后切换到 API 文档查看编程接口，最后动手实践。

这个文档的优点是，手册比较丰富全面，也提供了一些简单的教程，提供了手册和 API 的搜索功能，用户可以比较容易快速地找到需要的内容。

这个文档的缺点是，不少 API 文档的解释比较模糊，或者基本没有解释；文档为英文，不少初学者看起来很吃力。另外要说的一点就是：在线的 API 文档搜索速度很慢，最好使用本地 API 文档进行搜索。

2. Unity 官方教程

Unity 的官方教程页面（https://unity3d.com/cn/learn/tutorials）如图 5-9 所示。

这个教程做得十分丰富和到位，只是内容为英文，对于新手来说可能有一定难度，但只

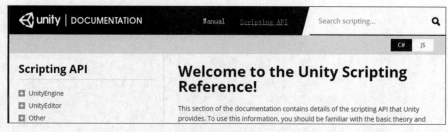

图 5-8　Unity 手册

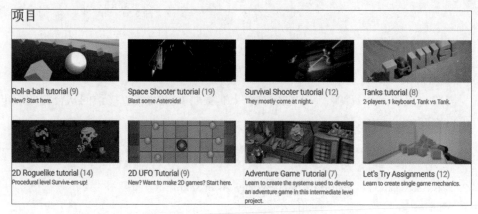

图 5-9　Unity 官方教程页面

要坚持去看，一定有非常大的收获。

教程分为项目和主题两个大类，建议先看主题，把基本的几个主题（如脚本、动画、界面、声音、物理）看完之后再看项目。

3. Asset Store

这是 Unity 另外一个做得很棒的地方，通过一个资源商店，让开发者可以获得丰富的参考素材，大大提升了游戏的开发效率，也使 Unity 学习有了很多参考资料。

对于很多做得很棒的特殊效果、算法等，可以参考其他人的做法，而不必费尽心思乃至最后还是做不出让自己满意的结果。

5.2　Unity+Leap Motion 开发

Leap Motion 是生产和销售一种计算机硬件传感器设备的公司，该设备支持手和手指作为输入，类似于鼠标，但不需要手接触或触摸。2016 年，该公司发布了专为新软件的手跟踪的虚拟现实。本节将介绍 Unity+Leap Motion 平台的搭建以及初步开发。

5.2.1　Unity+ Leap Motion 平台的搭建

1. Leap Motion 简介

Leap Motion 是面向 PC 以及 Mac 的体感控制器制造公司 Leap 于 2013 年 2 月 27 日发布

的体感控制器，5 月 13 日正式上市，随后于 5 月 19 日在美国零售商百思买独家售卖。

2013 年 7 月 22 日发布的 Leap Motion 版本具有更高的软硬件结合能力。Leap Motion 于 2014 年 8 月 30 日正式登陆中国，中文名为"厉动"。

Leap Motion 控制器不会替代键盘、鼠标、手写笔或触控板，相反，它与它们协同工作。当 Leap Motion 软件运行时，只需将它插入用户的 Mac 或 PC 中，一切即准备就绪。用户只需挥动一根手指即可浏览网页、阅读文章、翻看照片，还有播放音乐。即使不使用任何画笔或笔刷，用指尖即可以绘画、涂鸦和设计。

Leap Motion 可以感知移动的双手，让用户以一种新的方式与计算机交互，它以 1 mm 的 1/100 的精度追踪用户的 10 根手指，这大大超过现有的运动控制技术的敏感度，这就是为什么我们可以在 1 英寸（≈304.8 mm）的立方体空间内画出微型杰作的原因。

2. Leap Motion SDK

大家可以到 developer.leapmotion.com 网站下载 Leap Motion SDK 最新的版本，下载完后继续安装运行时，Leap Motion SDK 就可以支持所有的平台和语言，鼓励大家去了解这些平台和语言。为了达成集成到 Unity 中的目标，还需要下载 Leap Motion Unity Core Assets。

假定已经下载安装了 Unity3D，下一步就是从 Asset Store 中获得 Leap Motion Unity Core Assets 这个包，如图 5-10 所示。

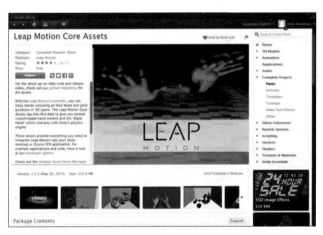

图 5-10　Leap Motion Core Assets

5.2.2　将 Leap Motion Core Assets 导入 Unity 工程

下载好 Leap Motion SDK 后，会发现它是一个 .unitypackage 格式的文件。这时可以创建一个 Unity 工程，然后双击运行下载好的文件，此步骤会将该 Leap Motion Core Assets 资源包导入创建好的 Unity 工程。导入完成后项目的目录结构如图 5-11 所示。

5.2.3　将 Prefab 中的 Hand Controller 放入场景

在 Project 窗口里，最该注意的是 Leap Motion 文件夹，这个文件夹包含的 OVR 文件是

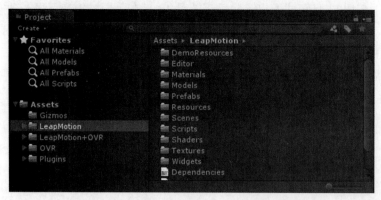

图 5-11　导入的 Leap Motion Core Assets 资源包

Leap Motion 与 Oculus Rift 虚拟现实头盔设备相结合的资源，这个在以后会涉及。应该花时间学习每个文件夹内的结构，更重要的是其内容。其中最主要的一个核心资源是 Hand Controller（手部控制器），这个是允许和 Leap Motion 设备交互的主要预制体（Prefa），它作为锚点将用户的双手渲染到场景中。Hand Controller 属性面板如图 5-12 所示。

图 5-12　Hand Controller 属性面板

　　Hand Controller 预制体中有一个 Hand Controller 脚本附加在上面，这样就允许了和设备的交互。在 Hand Controller 属性面板（如图 5-12 所示）中有两个关于手的属性，二者通过合作可以在场景中渲染出真正的手部模型；系统提供两个物理模型，这些是碰撞，这样设计的好处是能创建自己的手部模型，用在控制器里来查看效果，并且可以自定义手势等。

注意：Unity 和 Leap Motion 都是使用的米制系统，但是二者有一些区别：Unity 以米为单位，Leap Motion 以毫米为单位，这不是什么大问题，但是在测量坐标的时候需要知道。

　　另一个关键属性是 Hand Movement Scale 向量，缩放值越大，设备覆盖的物理世界范围越大，需要通过查看文档来找到一个合适的数值以适应当前的应用。Hand Movement Scale 向量是用来在不改变模型大小的前提下改变双手移动的范围的。

　　放置 Hand Controller 在场景中是重要的。如上所述，这是锚点的位置，因此，摄像机（Camera）应该和 Hand Controller 在同一区域，在示例场景中，将 Hand Controller 放置在（0，-3，3）处，确保摄像机在（0，0，-3）处，如图 5-13 所示。

　　换句话说，需要将 Hand Controller 放在摄像机前面，并且相对于摄像机往下一定数值范围内，这里没有魔法数值，只需尝试适合用户自己的数值即可。

　　至此，已经将所有基础的部件结合起来，并且场景可以运行测试 Leap Motion 的效果了。

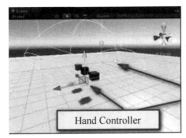

图 5-13　Camera 及 Hand Controller 位置

5.3　Unity+Kinect 开发

5.3.1　Unity+Kinect 平台的搭建

1. Kinect 简介

Kinect 是一种功能强大的 3D 体感摄像机，是微软公司于 2009 年公布的 Xbox 360 的体感周边外部设备，它导入了即时动态捕捉、影响辨识、麦克风输入、语音辨识、社群互动等功能，给人耳目一新的感觉。玩家可以通过手势或语言指令来操作 Xbox 360 的系统界面，也能通过全身上下的动作，用身体来玩游戏，而不是传统的手持或脚踏控制器。Kinect 出现开创了互动娱乐的新纪元，带给玩家"免控制器的游戏与娱乐体验"。

2. 下载 Kinect for Windows 开发套件

想要开发基于 Unity 和 Kinect 技术的应用，首先需要下载、安装好 Unity3D，并下载好 Kinect for Windows 开发套件。

安装 Kinect for Windows SDK。Kinect for Windows SDK 是列的类库，属于 Kinect for Windows 开发套件中的部分。其能够使开发者将 Kinect 作为输入设备开发各种应用程序。Kinect for Windows SDK 只能运行在 32 位或 64 位的 Windows 7 及以上版本的操作系统上。

安装 Kinect for Windows Wrapper。它是使用 Unity 开发 Kinect 的中间插件，网上有很多种版本，但基本都推荐卡耐基梅隆的版本。

5.3.2　将 Kinect for Windows Wrapper 包导入 Unity 工程

所有的工具和资源都准备好以后，就可以着手 Unity + Kinect 的入门开发了。新建一个 Unity 项目，双击该资源文件，将 Kinect for Windows Wrapper 导入 Unity 项目。导入之后可以运行一些 Demo（如图 5-14 所示），看看我们可以拿这个 Kinect 做什么。

考虑到初学者不知如何使用 Kinect，它也提供了一些帮助文档。用户可以查看这些帮助文档来解决一些常见的问题，如图 5-15 所示。

图 5-14 Kinect 示例文件

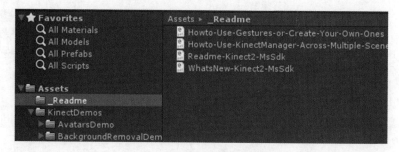

图 5-15 Kinect 帮助文档

配置好一个角色的 Avatar。下面是从 Unity 的资源商店里下载的一个角色模型，如图 5-16 所示。

然后将这个角色加入场景，并把 AvatarController 脚本拖给角色。角色加入不要有 Rigibody，也不要有 Collider，并且 Animator 里不要有 Controller。因为这些可能会影响角色的动画，但我们需要角色的各个节点都能自由移动。

新建一个空物体，首先命名为 KinectManager，然后把 KinectManager 脚本拖给它，最后进行运行测试，这个机器人将会同步用户的动作。

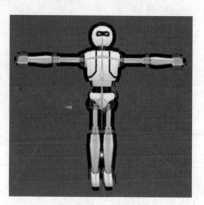

图 5-16 角色模型

📑 习 题

一、判断题（正确的打√，错误的打×）

1. 所有元素属性都是游戏物体的 Component，脚本不是。 （ ）

2. Unity3D 是由 IBM 公司开发的游戏开发工具，它作为一款跨平台的游戏开发工具，从一开始就被设计成易于使用的产品。 （ ）

二、填空题

1. U3D 的脚本作用方式很有趣，可称之为"_____"。无论是作用在一个具体的场景物体还是管理着批量的物体，脚本首先必须依附于场景中的一个_____才能被执行。

2. _____这个特殊的符号表示使用的是 C#中的泛型功能，用于避免强制类型的转换，减少_____量（将值类型转为引用类型的操作）。

三、单选题

1. Unity 引擎不支持（ ）脚本语言。

A. C#   B. JavaScript   C. Python   D. Boo

2. Unity 中整体平移场景视图应使用（ ）。

A. 缩放工具   B. 移动工具

C. 手形工具   D. 旋转工具

3. 想让一个物体围绕 *Y* 轴每帧旋转 5 度，可以采用（　　　）代码。

A.

```
function Update( ) {
transform. Rotate(0,5,0);
}
```

B.

```
function Update( ) {
transform. Translate(0,0,5);
}
```

C.

```
function Update( ) {
transform. Rotate(0,0,5);
}
```

D.

```
function Update( ) {
transform. Translate(0,5,0);
}
```

四．简答题

1. 何为 Unity 引擎？试安装最新版 Unity3D 并体会其界面。

2. 简述 Unity3D 重要的五大界面的功能。

3. 何为 Asset Store？如何使用它？

4. 何为 Unity 官网培训资源？如何使用它？

5. 何为 Leap Motion？如何搭建 Unity+Leap Motion 平台并操作？

6. 何为 Kinect？如何搭建 Unity+Kinect 平台并操作？

第 6 章 基于 Unity 的 VR 实操

📌 本章学习目标

知识目标：了解 Unity 云桌面、Unity Hub 和进行 VR 实操基础训练等方面的知识，为学习后面章节奠定基于 Unity 的 VR 实操基础。

能力目标：具有基于 Unity 的 VR 开发与 Unity+C#编程的能力。

思政目标：建立"实践是检验真理的唯一标准"的思想。

6.1 Unity 云桌面

6.1.1 云桌面简介

总是有用户遇到这类问题，即计算机本身的内存比较小，而项目比较大时就容易出现内存不够用的情况，怎么办？这时用云桌面就能完美解决此问题。

什么是云桌面？通俗地说，云桌面就是一台计算机，只不过主机（云主机）在很远的地方，但是它的显示器、鼠标、键盘都在用户身边，开机后便可以像家里的计算机一样去使用它。

云桌面适用于需要优秀显示效果、高数据安全的游戏、影视、动画、设计等领域。

Unity 云桌面由大名鼎鼎的 3D 和游戏设计软件 Unity 服务商提供，想了解详情可以访问中文站点（https://unity.cn/）。

6.1.2 创建 Unity ID 与登录

1. 创建 Unity ID

已经有 Uinty ID 的，可以直接跳到第 2 步——登录。

可选择邮箱注册或直接用微信账号注册，邮箱需要进行验证才能通过，然后绑定手机号码，短信验证，如图 6-1 所示。

2. 登录

如图 6-2 所示，登录方式有以下两种。

图 6-1　创建 Unity ID

（1）Connect 登录，需要在手机上安装 App，然后扫码登录。

（2）账户登录，如图 6-2 所示，账户登录又有以下两种登录方式：

①手机短信验证登录；

②邮箱+密码登录。

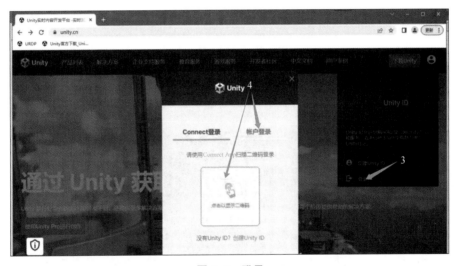

图 6-2　登录

6.1.3　申请和使用 Unity 云桌面

1. 下载 Unity

单击图 6-3 上方的"下载 Unity"按钮，就可以下载 Unity。

2. 立即使用

滑动图 6-3 右侧的滑动条，就能看到"立即使用"（申请）按钮了，单击此按钮，如图 6-4 所示，就可以立即使用 Unity 云桌面。

3. 签到与选配置

每天在 Unity 云桌面上签到可免费领 1 000 点数，免费点数有效期为 24 小时，每天都可以领。Unity 云桌面每 15 分钟扣费一次，使用不足 15 分钟按 15 分钟计算，不同配置的云桌面，用的点数也是不一样的，配置越高，消耗点数越多，如图 6-5 所示。

图 6-3　单击"下载 Unity"按钮

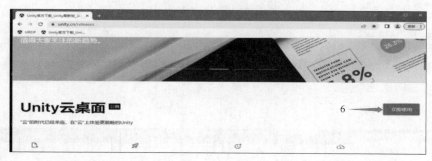

图 6-4　单击"立即使用"按钮

8. 选择计算机配置

7. 每日签到

图 6-5　签到与选配置

如图 6-6 所示，目前可选的有 4 种配置，用户可以根据自己的需要进行选择，可以选 240 点/小时的"GPU T4-基础型"（其 CPU 8 核、内存 64 GB、显卡 8 GB），1 000 免费点数可以用 4 小时。

单击"购买"按钮，勾选"我已阅读并同意"复选框，确认完成后，就可以开启自己的 Unity 云桌面，如图 6-7 所示。

4. 使用 Unity 云桌面

等 1 分钟左右，Unity 云桌面配置完成，就可以开始体验，如图 6-8 所示。

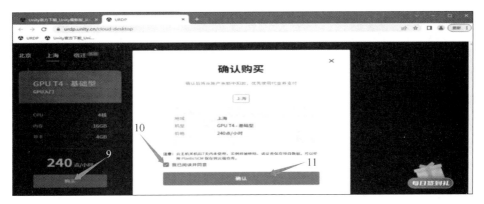

图 6-6　可选的 4 种配置

图 6-7　确认购买

图 6-8　Unity 云桌面配置完成

　　为了方便使用，建议打开"全屏"开关，单击"继续"按钮（如图 6-9 所示），就能切换到 Unity 云桌面的计算机桌面。

　　看起来好像什么都没发生，实际上现在看到的就是 Unity 云桌面上的内容了，只不过现在浏览器处于打开的状态。

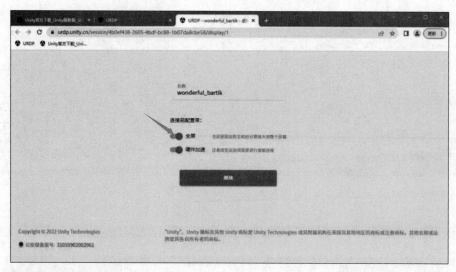

图 6-9　打开"全屏"开关，单击"继续"按钮

计算机配置确认购买成功后，会自动创建云主机，进入主机界面后会有提示：

使用小贴士：Unity 云桌面只有在关机后才会停止扣费，请在结束使用 Unity 云桌面后在主机列表中单击"关机"按钮。请避免以下操作行为，这样可能会导致云桌面连接断开或系统蓝屏崩溃：

（1）请勿安装虚拟机（模拟器）类似功能的软件；

（2）请勿自行升级显卡驱动；

（3）请勿自行调整或重置系统防火墙策略、杀毒软件；

（4）请勿禁用/设置网卡，或者使用 VPN/网络加速器等工具；

（5）请勿卸载预装的程序，请勿调整开机启动项等设置；

（6）请勿使用系统内关机功能，这样会导致继续扣费，影响下次启动会话。

详情请查阅网站文档"常见问题"，或者联系客服咨询处理。

6.1.4　云主机的内置软件、设置和再次进入

1. 云主机的内置软件

云主机里面已经预置安装了 Unity 软件和 Visual Studio（简称 VS）等代码软件，直接使用开发即可。Unity 编辑器也提前安装了很多 LTS 版本（即长期支持的版本，会定时发布系统更新），满足用户日常开发，如图 6-10 所示。

2. 云主机的设置

单击主页右边的按钮进入云主机设置界面，如图 6-11 所示。

3. 再次进入 Unity 云桌面

单击云桌面链接进入后会出现主机列表，单击后即可看到之前创建的云主机。如图 6-12所示，单击对应主机的物理显示器即可进入云桌面。

图 6-10　云主机的内置软件

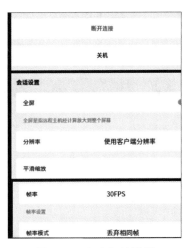

图 6-11　云主机的设置

图 6-12　再次进入云主机桌面

6.2　在 Unity Hub 中安装 Unity

1. Unity Hub 简介

Unity Hub 是一个致力于简化工作流的桌面端应用程序，是一个集社区、项目管理、学习资源、安装于一体的工作平台。它既方便了项目的创建与管理，又简化了多个 Unity 版本的查找、下载及安装的过程，还可以帮助新手快速学习 Unity。

在安装 Unity 进行游戏开发时，大多数人都会选择使用 Unity Hub 安装 Unity 以对不同版本的 Unity 进行管理。同时 Unity Hub 可以管理 Unity Editor 的多个安装及其关联组件，创建新项目以及打开现有项目。

2. 安装 Unity Hub 和 Unity 的过程

1）进入 Unity 官网

从 Unity 中国官网下载 Unity 最新版。

2）进行账号注册

可以选择手机号注册后再绑定邮箱。

3）选择想要安装的版本

选择想要安装的版本，单击"从 Hub 下载"按钮，如图 6-13 所示。

4）安装 Unity Hub

如果未安装 Unity Hub，网页会弹窗提示安装 Unity Hub，选择对应系统的 Unity Hub 进行下载，如图 6-14 所示。

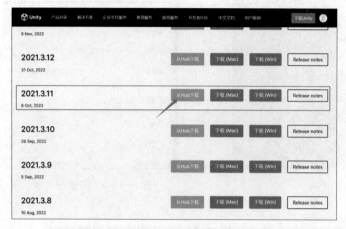

图 6-13　单击"从 Hub 下载"按钮　　　　图 6-14　对应系统的 Unity Hub 下载

运行 Unity Hub 安装包进行安装，安装成功后运行 Unity Hub。

5）设置 Unity Hub 并添加许可证

运行 Unity Hub 后单击 Sign in 按钮，如图 6-15 所示。

图 6-15　运行 Unity Hub 后单击"Sign in"按钮

弹出网页后单击"打开"按钮，Unity Hub 会自动为我们登录账号。然后，进入 Unity Hub 软件。

Unity Hub 主界面如图 6-16 所示。

为方便大家操作，可按照此步骤设置为中文：单击 Install→Preferences→Appearances→Language，选择中文简体文字。

添加许可证：进入偏好设置→选择许可证→添加许可证，选择"获取免费的个人版许可证"，同意并取得个人版授权。

可在此查看许可证激活和到期时间，到期后可按相同方法重新添加许可证，如图 6-17 所示。

图 6-16　Unity Hub 主界面

图 6-17　个人版许可证激活和到期时间

6）在 Unity Hub 中安装 Unity

（1）回到官网选择需要的 Unity 版本（见图 6-13），单击"从 Hub 下载"按钮，单击"打开"按钮。

（2）在弹出的安装设置中按需求进行配置。

如图 6-18 所示是 Unity 配置情况示例。

图 6-18　Unity 配置情况示例

（3）单击"继续"按钮后，同意并安装即可。至此，Unity Hub 和 Unity 就安装好了。

注意：在 Unity Hub 中安装 Unity 时，经常会出现安装失败的情况，那么应该如何解决呢？只需退出 Unity Hub，打开本地 C:\Users\asus\AppData\Roaming 文件夹，将里面的 Unity Hub 文件夹删除后，重新运行 Unity Hub 即可。

6.3 Unity 的 VR 开发实例与 Unity+C#编程

本节将介绍基于 Unity 的 VR 开发实例——生成带有基础质地、树草的山地模型，还将介绍基于 Unity+C#编写移动脚本的 Park VR（公园 VR）开发实例。

6.3.1 Unity 的 VR 开发实例——带有基础质地、树草的山地模型

1. Unity 主界面及建立新项目

完成下载安装 Unity 的一版本后，双击打开 Unity，弹出 Unity 主界面，如图 6-19 所示。

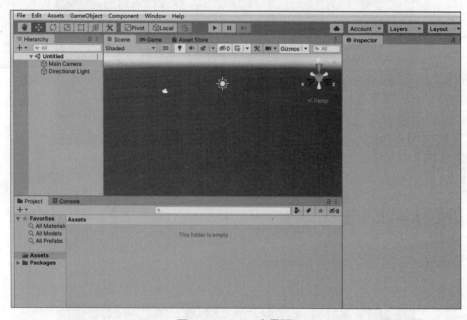

图 6-19 Unity 主界面

单击 File→New Object，进入新建页面，新建一个 Unity 项目，尽量保证项目为英文命名。例如，图 6-20 中新建的 Unity 项目名称为 New Unity Project；在"位置"下选择将要存放的位置，然后单击"创建"按钮，创建一个新的 Unity Project，如图 6-20 所示。

2. 建立山地模型

进入 Unity 主界面，在 Unity 项目中会自动生成一个主相机和一个定向光源，新建一个山地模型并调整该模型的位置，最后将模型放在相机视野中间。具体操作是，新建 New Object 项目后，在主界面中单击 GameObject→3D Object→Terrain，如图 6-21~图 6-23 所示。

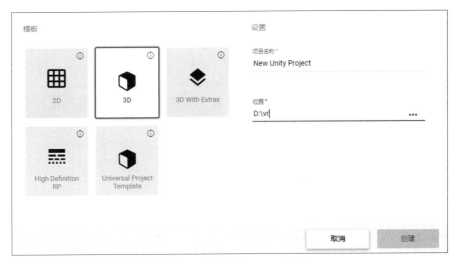

图 6-20　创建新的 Unity 项目

图 6-21　新建一个山地模型

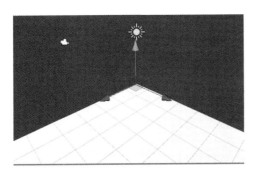

图 6-22　得到的山地模型界面

图 6-23　调整山地模型界面

进入山地模型的设置面板，开始画山脉。

按照图 6-24 选择山脉的类型，如图 6-25 所示为画出的第一个山脉，如图 6-26 所示为画完的山脉。

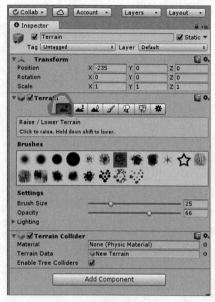

图 6-24　选择山脉的类型

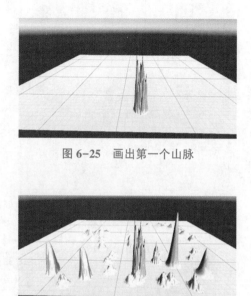

图 6-25　画出第一个山脉

图 6-26　画完的山脉

3. 添加基础岩石、草本植物和树模型等贴图

由于 Unity 自带的贴图较少，以及缺少草本植物和树模型，所以我们直接导入从外面下载好的包，然后先将模型贴上贴图，接着添加草本植物和树模型。需要注意的是，添加模型时，尽量放大设计界面，方便设计和观察。

在 Import Package 菜单中，选择 Custom Package，如图 6-27 所示。

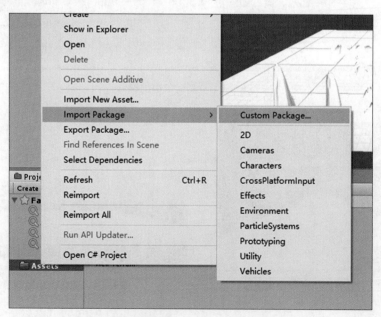

图 6-27　导入外部包

导入 Terrain Assets（地形资源）中的 Bushes（灌木），如图 6-28 所示。

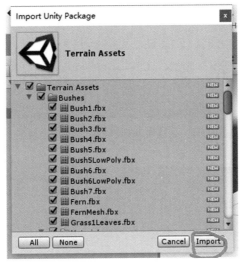

图 6-28　导入资源

1）生成带贴图的山地模型

单击 ![brush] 进入贴图选择界面去画质地（纹理），如图 6-29 所示。当没有需要的质地时，单击 Edit Textures（编辑质地）按钮。按图 6-30 所示选择、添加基础岩石等贴图。

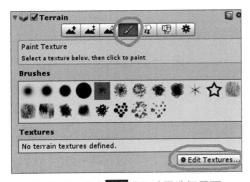

图 6-29　单击 ![brush] 进入贴图选择界面

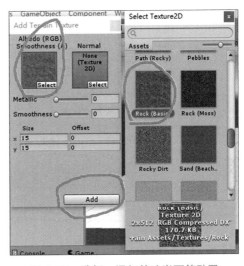

图 6-30　选择、添加基础岩石等贴图

生成带基础岩石贴图的山地模型，如图 6-31 所示。

2）生成带草本植物和树模型的山地模型

按图 6-32 所示进入草本植物模型选择界面，按图 6-33 所示添加草本植物，生成带草本植物的山地模型，如图 6-34 所示。

按图 6-35 所示添加树模型，按图 6-36 所示添加赤杨树模型，调整树模型相关参数（如图 6-37 所示）。生成带树模型的山地模型，如图 6-38 所示。

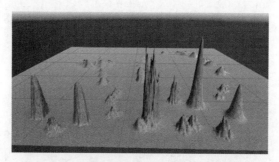

图6-31　生成带基础岩石贴图的山地模型

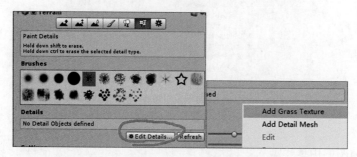

图6-32　进入草本植物模型选择界面

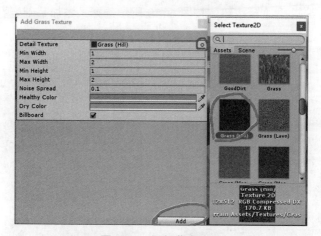

图6-33　添加草本植物

图6-34　生成带草本植物的山地模型

图 6-35　添加树模型

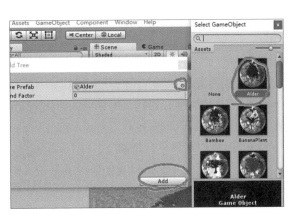

图 6-36　添加赤杨树模型

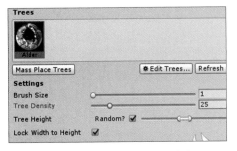

图 6-37　调整树模型相关参数

图 6-38　生成带树模型的山地模型

4. 保存生成的模型

单击"播放"按钮播放做完后的山地模型，如图 6-39 所示。

图 6-39　播放做完后的山地模型

最后单击保存生成的模型，完成山地模型的建立。

6.3.2 Unity+C#编程——Park VR 的开发

本小节将通过 Park VR 的开发实例，介绍基于 Unity+C#编写在公园（Park）中场景移动（move）的 VR 脚本，包括 VR 移动编程平台搭建，操作 Park 3D 模型插件，进入 VS（C#）编写并保存移动脚本等内容。

1. VR 移动编程平台搭建

两个用来搭建 VR 移动编程平台的插件，可从网上下载，将它们拖入 Unity 项目，先载入 SDK 后再载入 Demo，如图 6-40 所示。

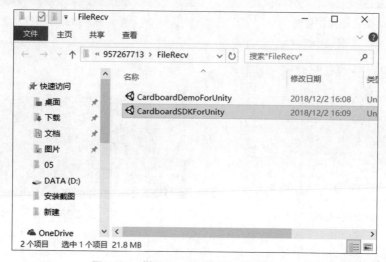

图 6-40　搭建 VR 移动编程平台的插件

将插件拖入 Unity 项目，然后分别在弹出的两个界面中单击 Import 按钮将其载入 Unity 界面中。

双击打开后找到带图标的 DemoScene，如图 6-41 所示，双击载入 Unity 界面。

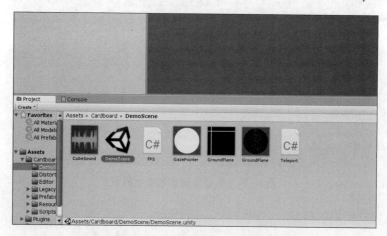

图 6-41　带图标的 DemoScene

载入完后，就完成了 VR 移动编程平台的搭建。

2. 操作 Park 3D 模型插件

VR 的移动编程是使在使用者进入虚拟场景时，可以不通过晃动自己的头部达到场景移动的效果，使之使用起来更加便捷。

（1）在网上自行下载一个 3D 模型插件，这里下载的是一个 Park，如图 6-42 所示。

图 6-42　3D 模型插件

（2）双击插件或将插件拖入新建 Unity 项目，单击 Import 按钮载入插件，如图 6-43 所示。

图 6-43　载入插件

（3）载入完成后找到文件栏中的 Park 文件夹，双击 Unity 并打开图标模型，如图 6-44 所示。

（4）将 VR 移动编程平台搭建的两个插件导入进来，将原始 Camera 替换为 CardboardHead（识别 VR 的一款照相机），并安放在一个角度适中的位置，如图 6-45 所示。

图 6-44　模型载入成功后的界面

图 6-45　安放好 CardboardHead 后的界面

（5）CardboardHead 在 Cardboard 文件夹下的 Prefabs 中，如图 6-46 所示。

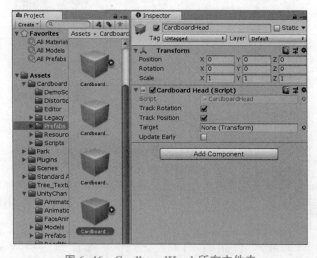

图 6-46　CardboardHead 所在文件夹

（6）替换完成后单击"播放"按钮，出现如图 6-47 所示界面，将光标放在蓝色方框内并按住〈Alt〉键，移动鼠标可模拟使用者头部，移动鼠标相当于使用者转动头部时所见场景的移动。

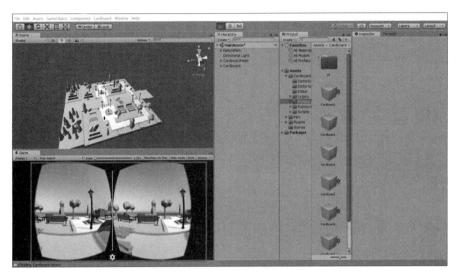

图 6-47　替换完成后的播放界面

3. 进入 VS（C#），编写并保存移动脚本

（1）在文件栏右击，在弹出的快捷菜单中单击 Creat→C# Script 可创建脚本，如图 6-48 所示。

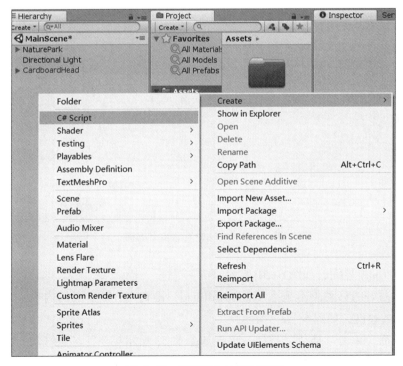

图 6-48　创建脚本的演示界面

（2）创建好脚本并命名 move 后，在弹出的界面中出现如图 6-49 所示图标，单击该图标。

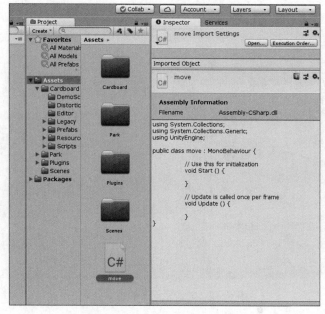

图 6-49　创建脚本后的界面

（3）进入 VS 移动脚本编写界面，编写好后保存，关闭界面，如图 6-50 所示。

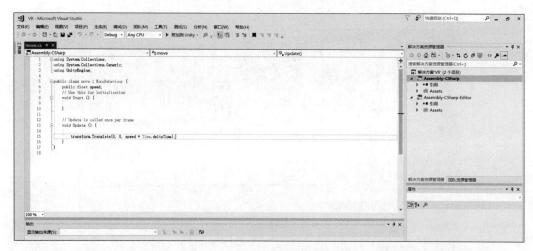

图 6-50　VS 移动脚本编写界面

（4）回到 Unity 界面，如图 6-51 所示。

（5）将编写好的移动脚本拖入 CardboardHead，得到 Script 里面的内容，在 Speed 文本框中输入移动的速度，如图 6-52 所示。

（6）完成后，单击"播放"按钮，出现如图 6-53 所示场景。场景移动的原理是随着照相机的移动而移动。相当于使用者的头部不转动，也可以漫游在 3D 环境中，可以编写更加复杂的移动脚本，完成场景的移动。

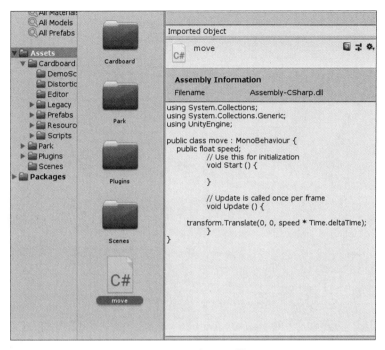

图 6-51　回到 Unity 界面

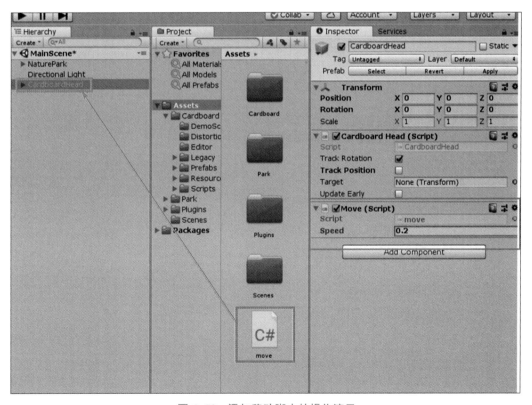

图 6-52　添加移动脚本的操作演示

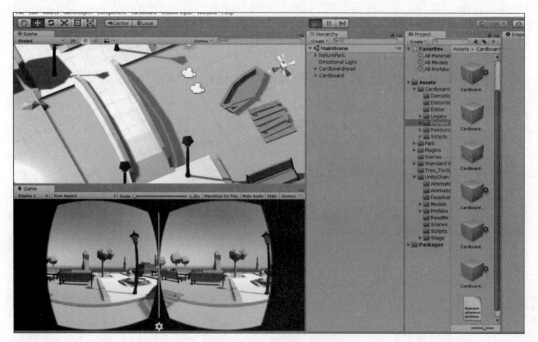

图 6-53　播放场景的界面

习　题

1. 何为云桌面？如何申请和使用 Unity 云桌面？
2. 试在 Unity Hub 中安装 Unity。
3. 试完成 6.3.1 小节 Unity 的 VR 开发实例：带有基础质地、树草的山地模型。
4. 试完成 6.3.2 小节 Unity+C#编程实操：Park VR 的开发。

基于图像的VR技术及全景图制作篇

第7章 基于图像的 VR 技术

本章学习目标

知识目标：了解基于图像的建模与绘制技术、全景图技术、光场与应用、基于三维几何的 VR 系统与基于图像的 VR 系统的比较。

能力目标：能够进行基于图像的建模与绘制。

思政目标：让学生树立既要"看"，更要"行"的作风。

7.1 基于图像的建模与绘制（IBMR）技术

本节将介绍基于图像的建模与绘制技术的概念、作用和几种典型的基于图像的建模与绘制技术及其 VR 系统。

1. IBMR 的概念

计算机视觉是使用计算机及相关设备对生物视觉的一种模拟。它的主要任务就是通过对采集的图片或视频进行处理以获得相应场景的三维信息。而真实感图形的绘制则是计算机图形学的一项重要研究内容，它研究如何综合利用数学、物理学、计算机科学和其他学科知识在计算机图形设备上生成像彩色照片那样的真实感图形。可以说，计算机图形学研究的终极目标就是追求彩色照片般的真实感。借助各种几何建模方法，人们已经可以建立复杂的景物模型，通过建立整体光照明模型，采用光线跟踪算法和辐射度等绘制方法，在一定程度上已经接近了真实感这个目标。然而，自然界的景物很复杂，传统的基于几何的建模方法费时费事，而真实感图形的绘制方法仍然带有实验性质，需要高强度的计算，速度很慢，尤其在像 VR 系统这种要求实时绘制和交互的场合，要实时生成逼真的复杂场景极其困难。

因为基于几何的绘制（Geometry Based Rendering，GBR）技术，实现真实感图像非常复杂，具有建模开销大、实时绘制慢，并且浪费大量的人力和物力等缺点，所以用图片代替传统的几何输入进行建模和图像合成被大家所喜爱，即基于图像的建模与绘制（Image Based Modeling and Rendering，IBMR）技术。顾名思义，IBMR 技术是指用预先获取的一系列图像（合成的或真实的）来表示场景的形状和外观，新图像的合成是通过适当的组合和处理原有的一系列图像来实现的。如图 7-1 所示，IBMR 技术试图从链中消除几何建模部分（几何建

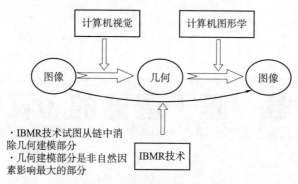

图 7-1　IBMR 技术的关系图

模部分是非自然因素影响最大的部分），其在计算机图形学和计算机视觉之间搭起了桥梁。由图像→图像，即由输入（离散）图像到输出（连续）图像。

与基于几何的建模与绘制技术相比，IBMR 技术具有以下突出的优点。

（1）建模容易。拍照容易，照片细节精细，不仅能直接体现真实景物的外观和细节，而且能从照片中抽取出对象的几何特征、运动特征等。IBMR 技术是把不同视线方向、不同位置的照片组织起来表示场景，如全景图像（Panoramic Image）和光场（Light Field）。

（2）真实感强。图像既可以是计算机合成的，也可以是由实际拍摄的画面缝合而成，二者可以混合使用，能较真实地表现景物的形状和丰富的明暗、材料及纹理细节，可获得较强的真实感。

（3）绘制速度快。IBMR 技术只需要离散的图片采样，绘制时只对当前视点相邻的图像进行处理，其绘制的计算量不取决于场景复杂性，而仅与生成画面所需要的图像分辨率相关。因此，绘制图形对计算资源的要求不高，仅需要较小的计算开销，有助于提高系统的运行效率。

（4）交互性好。IBMR 技术由于有绘制速度和真实感的保证，加之先进的交互设备和反馈技术，使基于图像的 VR 有更好的交互性。

然而，IBMR 技术还面临着很多问题，主要有以下几个。

（1）表示模式。怎样找到一种简便有效而且适合计算机的表示模式，能精确完整地对场景进行编码。

（2）数据采集。采集所用的仪器（手持相机或数码摄像机等），图像采样的数量，采样模式及样本均匀性等都会影响问题求解的难度和精度。

（3）走样与空洞。如何更好地解决因采样引起的走样和空洞问题。

（4）信息压缩。基于图像的方法不可避免地面临着大量图像的压缩问题，如何利用数据间的连贯性，找到更加合理有效的压缩机制。

（5）完全漫游。如何实现基于表示模式的完全实时漫游，包括模拟相机旋转、对象旋转、相机移动及缩放等相机运动方式。

2. 几种典型的 IBMR 技术及其 VR 系统

基于图像的绘制技术是指一些预先生成的场景画面，对接近视点或视线方向的画面进行交换、插值与变形，从而快速得到当前视点处的场景画面。

IBMR 过程可以理解为：从有限的已知图像（可称为采样图像）得到可以在任意视点上

看到的新的图像。

IBMR 技术基本过程：

（1）离散视点采样；

（2）基于采样图像进行场景建模；

（3）任意视点的重采样。

典型的 IBMR 技术及其 VR 系统，主要有全景图（Panorama）技术及其 VR 系统，光场（Light Field）技术及其应用。

全景图局限于固定的视点，当视点移动时，可以用视点插值来产生视点沿着一定路径变化时的图像。基于图像的绘制过程可以描述为一个采样、重构和重采样的过程。但是在重构阶段，在两个样本（全景图）之间寻找对应点仍然是立体视觉中有待解决的经典问题。

光场称为空间中所有光线的集合，在无遮挡的空间中，光线的位置和方向可以简化为四维参数(u,v,s,t)，这种参数化简化和统一了采样和重采样的过程，且不需要深度值和对应点。而今天看到的全光场照相机就是基于这一理论的研究成果而来的。光场的获取和复现技术被引用在相机当中，就是不用对焦的相机。

7.2　全景图（Panorama）

本节将介绍全景图的概念，全景图的基本技术过程，全景图的分类，全景图拍摄设备，动态全景图，全景图开发资源与制作工具等。

7.2.1　全景图的概念（360 全景、720 全景、VR 全景）

1. 何为全景图

"全景"作为一种表现宽阔视野的手法，在很久之前就得到了普遍的认同。北宋年间，由张择端绘制的《清明上河图》（如图 7-2 所示）就是一幅著名的全景画。摄影术出现后，全景摄影也应运而生。如今，全景拍摄不再被专业摄影师独享，广大摄影爱好者使用新型相机和后期软件也可以获得全景照片。

图 7-2　清明上河图（请读者扫码观看）

全景，又称 3D 实景，是一种新兴的富媒体技术，其与视频、声音、图片等传统的流媒体最大的区别是"可操作，可交互"。全景图技术一般是用相机 360 度拍摄一组照片，然后用专业软件拼接成一个全景图像，通过计算机技术实现全方位、互动式观看的真实场景还原展示方式，在播放插件的支持下，使用鼠标控制全景的方向，可左，可右，可近，可远，使人感到在现场环境当中，拥有身临其境的真实感受。

全景图技术思想：首先由用户绕固定点旋转拍摄场景得到一个具有部分重叠区域的图像序列，将这个图像序列拼接起来，无缝地粘接成一幅更大的画面；然后将拼接后的整图像变形投影到一个简单形体的表面上，构成一幅全景图像；最后对全景图像重采样就可得到新的画面。

2. 360 全景与 720 全景

全景图是大于双眼正常有效视角（大约水平 90 度，垂直 70 度）或双眼余光视角（大约水平 180 度，垂直 90 度），乃至 360 度完整场景范围的照片。传统的光学摄影全景图照片是把 90 度至 360 度的场景全部展现在一个二维平面上，把一个场景的前、后、左、右一览无余地推到观者的眼前。简单地说全景图就是将多张相连图片依次拼接组成的图片链，如同站在某个固定的点转了一圈，四周的景色连起来就是一幅全景图。狭义上的全景图一定是 360 度的图片，广义上的全景图就是超越了视野极限的图片。

还有一种 720 全景，无论是 360 全景还是 720 全景都是全景，都是视角范围超出了人眼范围，那么 360 全景和 720 全景的区别在哪里呢？720 全景和 360 全景所展现的空间不同，720 全景是三维空间，它以球形角度全面地展示了 720 度范围内的所有景观，可以在任何场景观看，没有死角；而 360 全景则是一种对周围景象拍摄组合生成的图像，是环形（如图 7-3 所示），只有通过全景播放器的矫正处理才能成为三维全景。720 全景相比 360 全景的视角范围要广一倍，720 全景是水平 360 度与垂直 360 度三维的视角（如图 7-4 所示），而 360 全景只是水平或垂直的水平，或者垂直的视角。现今的 360 全景也泛指 720 全景。

图 7-3　水平 360 全景图片示意　　　　图 7-4　水平、垂直两个方向同时 360 全景示意

3. VR 全景及其基于全景图的 VR 系统

VR 全景，即 720 全景（实景拍摄，虚拟建模方式创作）与 VR 的结合，可以达到 VR 体验效果。VR 全景借助计算机仿真、图形技术，真正意义上实现了对宣传对象背景、空间、形象、产品、服务、文化等各方面的无死角的呈现。目前互联网正从平面升级到三维立体，应抓住机遇参与其中。也就是说，普通人都可以拍摄、创作带来身临其境体验的 VR 全景，借助 VR 平台的软件即服务 Software as a Service，SaaS 能力，低门槛打造行业方案、服务企业客户，进而获得更加直观的商业回报。随着非接触经济时代的来临，加之沉浸式 VR 技术的独特感官，VR 全景将成为下一个十年网络的主要展示形式。

全景根据性质可划分为三维全景虚拟现实（又称实景虚拟）和 3D 实景全景两种。实景虚拟是指利用 Maya、3DS Max 等软件，制作渲染出的模拟现实的场景，如室内设计效果图、虚拟展厅、虚拟博物馆等；3D 实景全景是指利用单反相机鱼眼镜头或街景车、无人机拍摄实景照片，经过特殊的拼合、处理，让人以三维立体的实景 360 度全方位体验。

VR 全景，离不开全景图的 VR 系统。利用热点手段将一个或多个全景图进行连接，从而生成有序集合体，使用户可在场景中更好地漫游各个全景图像，这就是基于全景图的 VR 系统。

1）制作软件与播放软件

实现基于全景图的 VR 系统的软件包括两大组成部分：制作软件与播放软件。

（1）制作软件：主要功能是将离散的图像拼合成全景图像，再将全景图像制作成相应格式的文件。

（2）播放软件：基于全景图的 VR 系统制作成功后，就可以利用特殊的播放软件（通常是 Java 或 Quicktime、Flash）来体验它所提供的虚拟环境，进入虚拟的空间，操作虚拟的物体。播放软件可运行于 Macintosh 和 Windows 环境。

2）基于全景图的 VR 系统技术的基本特征

纵观基于全景图的 VR 系统技术，有 3 个基本特征：从三维造型的原理上看，它是一种基于图像的三维建模与动态显示技术；从功能特点上看，它有视线切换、推拉镜头、超媒体链接等基本功能；从性能上看，它不需要昂贵的硬件设备就可以产生相当程度的 VR 体验。

4. 全景图的发展与展望

图像拼接技术是将同一场景中的多幅有部分重叠区域的图像进行拼接，无缝地连接成一幅较大图像的处理过程。创建拼图已具有较早的历史，人们通过把鸟瞰图像的影印粘贴到一起来生成地形拼图，把其变形处理是通过在暗室里倾斜摆放相纸来实现的。后来，通过把鱼眼透镜和曲面镜等一些定制光学系统用于 VR 领域来获得全景图像。当人们开发出有效的图像拼接技术从序列图片或视频图像中创建拼图时，该技术才变得实用。图像拼接技术典型地被用于全景图的生成、改善图像分辨率、图像压缩及视频扩展等方面。全景图热的原因在于头盔的使用，全景和头盔是"天生一对"。

360 全景制作行业做得最好的当属谷歌街景，仍然属于旅游业的一部分，是一个可以借鉴的成功案例。360 全景制作的前景是很广阔的。苹果公司推出的 QuickTime 5 使全景照片的图像质量有了很大的提高。其支持大幅面的立方体全景，全景照片的显示尺寸不再受任何限制，看起来更加逼真清晰。而全景照片的尺寸为 530×320 像素左右，对于使用宽带网的用户来说已经完全可以接受。

还有现今比较常见、基本上所有智能手机都支持的"全景"拍摄模式（如图 7-5 所示），其拍出的照片能达到更广阔的视野范围效果。

另外，大家生活中比较常见的还有 360 度全景倒车影像、360 度全景监控等产品和体验。360 度全景倒车影像、全景泊车停车辅助系统（360 度全景监控系统与其类似，只是多出防盗监控等功能）：由安装在车身前、后、左、右的 4 个超广角鱼眼摄像头，同时采集车辆四周的影像，经过图像处理单元畸变还原→视角转化→图像拼接→图像增强，最终形成一幅车辆四周无缝隙的 360 度全景俯视图，如图 7-6 所示。

其在显示全景图的同时，也可以显示任何一方的单视图，并配合标尺线准确地定位障碍

图 7-5　智能手机的"全景"拍摄模式

物的位置和距离，让车主通过显示屏可以直观地看到车身周围的 360 度全景鸟瞰图，不再受视野盲区困扰。

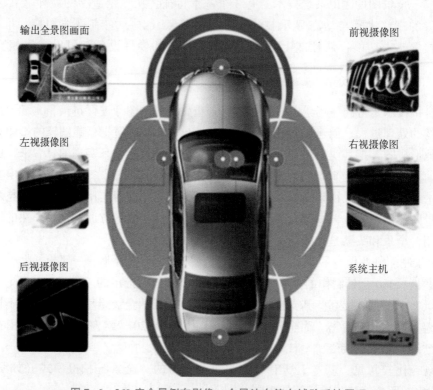

图 7-6　360 度全景倒车影像、全景泊车停车辅助系统原理

　　360 全景的优越性能远不只这些，有很多功能基于建模的 Web3D 技术都无法与全景摄影相比，所以在不久的将来，360 全景制作将会上一台阶，它的前景也会越来越好、越来越便捷，可以让更多的人接受。

7.2.2　全景图基本技术过程

全景图基本技术过程如图 7-7 所示，包括图像拍摄、图像预处理、图像拼接、生成全景图等。图像预处理、图像拼接由拼接软件完成，生成全景图由播放软件完成。

1. 图像获取（拍摄）
2. 图像预处理：对图像的失真进行矫正
3. 将图像变换到同一坐标系内
4. 图像配准　　　　　　图像拼接
5. 图像融合
}拼接软件完成
6. 生成全景图：映射到代理几何体上；反投影变换→播放软件完成

图 7-7　全景图基本技术过程

1. 图像获取（拍摄）

全景图像素材的获取有两种方式：一是采用专门全景设备，如全景相机或带有鱼眼镜头或广角镜头的相机；二是利用普通相机拍摄局部图像，然后经过投影后拼接形成全景图。第一种方法的优点是操作简单，无须复杂建模，能非常容易地形成全景图；缺点是专用设备价格非常昂贵，不易普及和使用。第二种方法对拍摄要求非常高，通常需要借助一些设备，如三脚架等完成拍摄，相对前者更加复杂，但是费用低，仍然为目前的主流。

例如，全景展开图如图 7-8 所示。

图 7-8　全景展开图

拍摄时，需要地面拍摄器材包括手机、单片机/微单（配广角镜头）、单反相机（配广角镜头）、全景相机，航拍器材使用无人机（大疆精灵），辅助器材包括三脚架/独脚架（含云台）、停机坪以及充当飞行器控制手柄显示屏的手机、平板电脑等设备。

航拍需要注意天气情况，禁飞事项，选择宽阔无障碍物阻挡区域作为飞行地点，飞行器续航时间，设置飞行参数和曝光模式等事项。航拍时可利用三脚架模式保持无人机悬停，保证相邻照片之间有 30% 重合部分。水平拍摄一圈（8~10 张照片）。镜头向下倾斜 30 度拍摄一圈（6~8 张照片），镜头继续向下倾斜 30 度拍摄一圈（4~6 张照片），最后垂直俯视交叉拍摄（2~4 张照片）。航拍素材保证在 30 张照片左右，可多拍再进行后期删减，同时需利用地面相机对天空进行补拍。

地面拍摄需要注意相机储存空间，相机电量是否充足，选择光照均匀且四面障碍物位置均匀的机位，稳定脚架，设置曝光模式等事项。地面拍摄时可遵循如下方法：相机抬头接近 90 度交叉拍摄（2 张），相机抬头 60 度拍摄一圈（4~6 张），相机抬头 30 度拍摄一圈（6~8

张），水平拍摄一圈（8~10 张），相机埋头 30 度拍摄圈（6~8 张），相机埋头 60 度拍摄一圈（4~6 张），地面补拍（2 张）。地面拍摄素材保证在 30 张照片左右，可多拍再进行后期删减，需利用地面相机对天空进行补拍。

2. 图像预处理

图像预处理的主要目的是消除图像中无关的信息，恢复有用的真实信息，增强有关信息的可检测性，最大限度地简化数据，从而改进特征提取、图像分割、匹配和识别的可靠性。

3. 图像拼接

图像拼接的概念：利用计算机将统一场景的、多张有重叠的图片自动匹配合成一张宽角度图片的处理过程，也称为图像镶嵌。

对图像重叠区域相似性程度的判断方法在全景图拼接过程中是很关键的，目前图像拼接的相似性程度的判断方法主要有两种：一是基于区域的匹配；二是基于特征的匹配，匹配则为在两幅图像中找出它们的重叠区域。

图像拼接技术是全景技术的关键技术之一，也是全景制作环节的关键环节，虽然由于相机视角的限制和全景相机价格的昂贵，但对拼接技术的研究还是非常有意义的。

1）图像拼接技术的主要用途

图像拼接技术可以解决由于相机等成像仪器的视角大小的限制，不可能一次拍出宽角度图片。它利用计算机进行匹配，合成一张宽角度图片，因而在实际使用中具有很广阔的用途。

2）图像拼接的一般问题

图像拼接的关键是精确找出相邻两幅图像中重叠部分的精确位置，然后确定两幅图像之间的位置变换关系，最后进行拼接和边缘融合。由于照相机受环境和硬件等条件影响，得到的图像往往存在平移、旋转、缩放、透视形变、色差、扭曲等差别，这些差别大大增加了图像拼接的难度和复杂度。实际应用中最基本的图像拼接技术主要是考虑平移、缩放和旋转 3 种变化（A 为原图像，A' 为变换后的图像）：

①平移：$A'=A+k$；

②缩放：$A'=sA$，其中 s 为缩放比例；

③旋转：$A'=rA$，其中 r 为旋转 $r=\begin{pmatrix} \cos\alpha & -\sin\alpha \\ \sin\alpha & \cos\alpha \end{pmatrix}$ 矩阵。

在这 3 种变化中，缩放和旋转是较难解决的问题，如何确定两幅图像间的缩放比例和旋转角度是图像拼接技术的难点。

3）图像拼接技术的基本流程和核心问题

图像拼接技术的基本流程如图 7-9 所示。

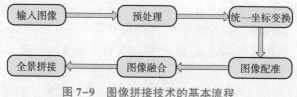

图 7-9　图像拼接技术的基本流程

其中，"统一坐标变换"的示例如图 7-10 所示，对于柱面全景图，会将各个图像变换到统一的圆柱面坐标系中。

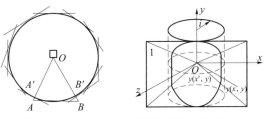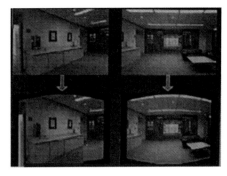

对于柱面全景图，会将各个图像变换到统一的圆柱面坐标系中

图 7-10　"统一坐标变换" 示例

核心问题：图像拼接的效果与关键技术即图像的匹配息息相关。

4）图像匹配

图像匹配的目的是搜索同名点，它是计算机视觉和数字摄影测量的核心课题之一，是指寻找部分重叠序列图像的重叠位置以及范围（也称图像对齐）。两幅图像可能取自不同的时间、不同的环境、不同的传感器或不同的视角，这就造成了图像不仅存在噪声的影响，而且存在严重的灰度失真和几何失真。图像匹配就是假设有两个矩形区域 A 和 B，已知 B 中包含有一个区域 A'，A' 和 A 是相同的模块，求 B 中 A' 的位置。

从宏观来看，图像匹配的方法可以分为基于区域相关灰度匹配和特征匹配两种。灰度匹配以常用的相关系数法为代表，它主要考虑局部区域内灰度的分布状况和统计特性；特征匹配要首先提取特征，如边缘特征、纹理特征、信息熵特征等，然后把这些特征用链码或参数来表示，最后以这些特征作为匹配基元。实际上，特征匹配常常和灰度匹配结合使用，即在灰度匹配时引入一些特征量进行约束。

图像匹配系统流程如图 7-11 所示。

图 7-11　图像匹配系统流程

5）图像融合

图像融合是将 2 幅或 2 幅以上的图像信息融合到 1 幅图像上，使融合的图像含有更多的信息，更方便观察或计算机处理。图像融合的目标是在实际应用目标下，在将相关信息最大合并的基础上减少输出的不确定度和冗余度。

4. 生成全景图

1）图像投影

由于相邻局部实景图像是在相机转过了一定的角度，在不同的视角上拍摄得到的，因此它们的投影平面存在一定的夹角。如果对局部图像直接进行无缝拼接，将会破坏实际场景中视觉的一致性，如把一曲线变成了直线等，同时很难进行无缝拼接。为了维持实际场景中的空间约束关系，必须把拍照得到的实景图像投影到某一曲面上，图像信息最终以曲面的形式保存在计算机上。投影完成后，去掉了旋转关系，保留了平移关系。通常，比较常见的全景投影方式有：球面投影、柱面投影和立方体投影，如图 7-12~图 7-14 所示。

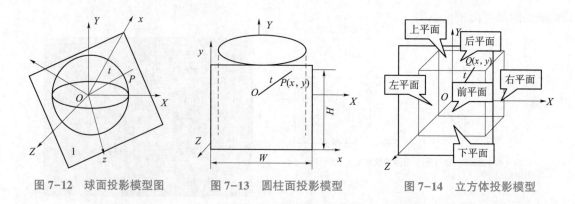

图 7-12　球面投影模型图　　　图 7-13　圆柱面投影模型　　　图 7-14　立方体投影模型

全景图模型可以提供场景水平方向 360 度全方位浏览，球面全景和立方体全景还能够提供垂直方向 180 度的浏览，使人们产生三维立体感，其场景能够拥有非常高的逼真度。

2）反投影

要从全景图像重新构造出视点空间每一个视线方向所对应的视图，必须要对经过正投影处理过的全景图像进行反投影。全景图像的反投影算法解决的主要问题是，从全景图像中重新构造出球面视点空间每一个视线方向所对应的视图。

7.2.3　全景图的分类

全景图的分类如下。

1. 按照代理几何体形状划分

根据代理几何体形状全景图可分为柱面全景图、球面全景图、立方体全景图、腰鼓全景图、柱面与锥面模型结合的全景图，如图 7-15 所示。

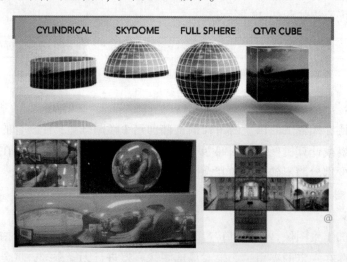

图 7-15　按照代理几何体形状划分全景图

2. 按照目标中心划分

根据目标中心不同，全景图可分为以视点为中心的全景图，还有以物体为中心的全景图：相机不动、物体原地转动一周，或者物体不动、相机绕物体一周，又或者物体周围放置一圈相机。

3. 按照动静划类

根据视点的动静，全景图可分为固定视点的静态图片全景图、固定视点的动态视频全景图、沿固定路径漫游的全景图和能在某一区域内自由漫游的全景图等。

7.2.4　全景图拍摄设备

1. 全景拍摄器材概述

全景相机又称全方位摄像机。在摄影领域，全方位摄像机（Omnidirectional Camera）指在水平方向上拥有 360 度视角的摄像机，或者视角可以覆盖（近似于）全部球面的摄像机。这种摄像机对于全景拍摄以及机器人学等需要大视角覆盖的领域有着重要意义。

普通相机的视角范围一般不超过 180 度，这意味着它最多可以捕捉到通过半球落在相机焦点上的光线。与之相对，一台理想的全方位摄像机可以捕捉到覆盖整个球体，从任意角度进入焦距的光线。虽然实际上，大部分的全方位摄像机只能近似地覆盖整个球面，例如在水平面上实现 360 度全覆盖但顶部和底部却无法覆盖。而那些真正可以覆盖全部球面的相机，则是利用多个不相交的单独焦点来捕获光线。

目前，国外的诺基亚 NoKIA、Google、GoPro、Meta、Jaunt、三星、松下（Panasonic）、柯达（Kodak）、尼康（Nikon）等知名企业以及国内的强氧、得图、Insta360、UCVR、兹曼等企业都在布局 VR 全景摄像机。

2. 全景拍摄器材的分类

随着 VR 行业的兴起，原本只常见于机器人制造、工业、监控等领域的全景相机被越来越多地应用到生活娱乐领域，大量新的厂商进入全景相机领域，市面上的全景拍摄器材日益丰富。根据不同标准，全景拍摄器材可以划分为以下不同的种类。

1）按照镜头划分

按照镜头类别，全景拍摄器材可以主要分为鱼眼镜头全景摄像机、多镜头全景摄像机两类。

（1）鱼眼镜头全景摄像机。

如图 7-16 所示，鱼眼镜头全景摄像机是由单传感器配套特殊的超广角鱼眼镜头，并依赖图像校正技术还原图像的。由于性价比高，此前这类产品在市场中占据主流份额，常被用于工业、监控等领域，如考场、大厦的安保监控等。然而由于鱼眼镜头全景摄像机的特殊性，画面边缘畸变部分难以达到高清晰度，对于生活娱乐的 C 端市场而言，并不能满足需求。因此，随着 VR 消费市场的拓展，其所占市场比有所下降。

（2）多镜头全景摄像机。

如图 7-17 所示，多镜头全景摄像机是通过多个传感器配合特制镜头组合实现全景功能的。由于多镜头全景摄像机的各个传感器捕获的都是常规矩形图像，因此无须进行矫正操作。它的缺点在于需要配套可实现画面无缝拼接的算法软件，且在拼装时对镜头视场角与安装位置的设定都有严格要求。另外，由于多镜头全景摄像机相当于多个镜头+传感器的组合，因此成本自然会有所增加，性价比高于鱼眼镜头全景摄像机，对于普通消费者而言略显昂贵。不过，多镜头全景摄像机的适用性相当广泛，可以支持各类生活、娱乐，甚至影视级别的全景视频内容的拍摄，当前网络上的各类 VR 直播、VR 短片基本都是使用这类全景摄像机拍摄而成的。

图 7-16　鱼眼镜头全景摄像机

图 7-17　多镜头全景摄像机

2）按照聚焦方式划分

华为 VR/AR 领域专家张梦晗根据聚焦方式的不同，将全景摄像机分成以下三类。

（1）普通定焦全景摄像机：所有摄像机固定焦距（无穷远），拍摄 2D 全景没有 3D 立体效果。得图、Insta360 等市面上绝大部分全景相机均属于此类别。此类摄像机适用于全景展示类视频拍摄，如风景拍摄、工作环境拍摄等。

（2）3D 定焦全景摄像机：依然定焦，但是可以拍摄左、右眼不同的 3D 效果，摄像机数量相较普通定焦全景摄像机更多。三星的 Project Beyond、Google Jump 以及 Jaunt 都属于此类别。此类摄像机主要用于全景电影预告片等拍摄。

（3）光场变焦摄像机：通过多次同步变焦拍摄，然后将捕捉到的画面汇聚为一帧，以保证远近物体都能有清晰的效果。NextVR 和 Lytro 的概念机型属于此类别，此类摄像机理论上可以进行殿堂级 VR 电影拍摄。

3）按照产品性能、价格以及使用场景划分

根据产品性能、价格以及使用场景的不同，将全景摄像机分成教学级、商业项目级以及影视级 3 个级别。

（1）教学级：教学全景摄像机，如图 7-18 所示。

图 7-18　教学全景摄像机

目前市面上可以买到，且单台相机不超过万元的常见的全景拍摄设备大多可以划分到这一级别。例如，完美幻镜 Eyesir（双 180 度镜头，主要用于监看）、得图（4 镜头）、小蚁、理光、少量 GoPro 拼接等解决方案。这类摄像机适用于普通的自制 VR 内容或简单的展示类项目。

（2）商业项目级：商业项目全景摄像机，如图 7-19 所示。

如果想要达到 B（Business）端客户需求，则需要更高一级的 VR 拍摄解决方案。一般来说，至少需要拼接 4 台以上的微单/单反相机。目前，索尼与尼康的单反相机在这一类别中较为常见，一套商业项目级的设备价格往往不低于 10 万元，这类设备可以较细腻地拍摄 VR 广告片、商业短片，可以基本满足用户的需求，在视觉呈现上有不错的表现。

（3）影视级：影视全景摄影机，如图 7-20 所示。

图 7-19　商业项目全景摄像机　　　　　　图 7-20　影视全景摄影机

如果想要制作影视级别的 VR 影片，则需要类似红龙的设备，价格应在数百万人民币以上。此外，还需要搭配 Spider System 等配套设备进行拍摄。初涉 VR 拍摄的团队短期内并不会接到此类项目。

7.2.5　动态全景图

动态全景图有固定视点的动态视频全景图、沿固定路径漫游的全景图和能在某一区域内自由漫游的全景图等。

1. 固定视点的动态视频全景图

固定视点的动态视频全景图的视点不变，景物是动态的。

2. 沿固定路径漫游的全景图

沿固定路径漫游的全景图有：离散视点全景图、沿路径拍摄的全景视频、多视点全景图、路途全景图等。

（1）离散视点全景图：以不断移动视点的办法来摄取所需的景象，关键问题是视点间的平滑过渡。例如，可以使用球体投影模型对单个全景图进行图像投影构建。若是连续视觉场景，则使用圆柱面投影模型对连续视觉场景进行图像投影构建。所述离散视点全景图与连续视觉场景之间能进行互逆转换，完整的连续视觉场景模型由单个球体投影模型与连续的圆柱面投影模型构成。其数据获取简单方便，成本低，模型结构实现简单，模型视觉效果逼真，基本保留图片效果，运用在行人导航中可以配合定位。

（2）沿路径拍摄的全景视频：例如，蒙牛全景视频需专用拍摄设备（多摄像头设备或折反射设备），视频进行逐帧拼接。

（3）多视点全景图：将摄像机放在行进的车上，拍摄沿途侧面的景观。将视频中的一定间隔的帧图像抽取出来，按重叠区域进行拼接。

（4）路途全景图：如图 7-21 所示是将摄像机放在行进的车上，拍摄沿途侧面的景观，然后用狭缝相机的模式进行拼接，将沿路的景观收进一幅幅的图像中。它提供了航空图像所不能包括的地面视角，提供了比道路地图更为详尽的、完整的路途景观信息。路途全景图具有数据量小、形式连续、街道覆盖完全、高效采集和易于扩充等特色，可作为一个沿街建筑物和设施的图像索引。

图 7-21　路途全景图

从图像投影的角度来看，它有别于固定视点中心投影的 360 度全景图或球型环景摄影，而是由移动视点所构成的。整体图像既有别于普通照片的透视投影，又有别于飞机摄影所采用的正交投影，而是采用了被称为平行透视投影的特殊投影。它并非通过镜头瞬间成像，而是由移动瞬间的、细小的图像线连接而成。因此，路途全景图和摄像机的移动轨迹高度相关。用路途全景图可组成道路网，并融入地理信息系统，以提供比道路地图更为详尽的景观信息，建立一个可漫步的虚拟城市。对路途全景图进行信息检索，其结果可应用于虚拟旅行、城市导引、历史研究、古迹保护、风土和生活方式记录以及灾害应急控制等。

3. 能在某一区域内自由漫游的全景图

能在某一区域内自由漫游的全景图：例如，全流程展示使用上海炯眼网络科技有限公司的实景步进式解决方案，将普通的单反相机拍摄出的全景图，进行逆向建模，实现步进式漫游。使用该漫游全景图，游客不迷路，空间行走流畅，适合展厅使用。

7.2.6　全景图开发资源与制作工具

1. WPanorama

WPanorama 是一个全景图像浏览器，为浏览全景图片而设计，也支持一般图像的浏览。它支持 360 度的全景照片，使用者能够方便地控制照片滚动的速度，还可以导出 AVI、BMP 格式图片，甚至生成屏幕保护文件，同时具有背景音乐合成功能。其官方网站上提供了很多的全景图片可供用户免费下载。

2. Pixtra PanoStitcher

Pixtra PanoStitcher 中文版是一款专业的全景图制作工具，能够帮助用户将多张图片完美拼合为一张全景图，并且操作简单，使用方便，深受广大摄影爱好者的青睐。其具有自动/手动亮度平衡，程序可以拼接不同的变焦和自动对齐重叠的图像，以确保无缝全景照片。

3. Pixtra OmniStitcher

Pixtra OmniStitcher 是一个全景图编辑与处理工具，可以去除鱼眼镜头采集回来的视频数据中图像的变形，恢复图像的本来面目。

4. PanoramaStudio

PanoramaStudio 能完美创建 360 度无缝全景图，在几个步骤之内就能将简单的图片合成为完美的全景图，并为高级用户提供强大的图片处理功能。它提供自动化拼接、增强和混合图像功能，可以侦测正确的焦距/镜头，可以使用 Exif 数据，所有步骤都可以手动完成。PanoramaStudio 的额外功能：透视图纠正、自动化曝光修正、自动剪切和热点编辑。只要拿着相机站在原地边转圈边拍照，然后将照片导入 PanoramaStudio，就能快速创建全景图照片了。PanoramaStudio 导出功能：多种图像文件格式，交互式 QuickTime VR（简称 QTVR）和 Java 全景图以及一个海报打印功能。

5. ADG Panorama

ADG Panorama 可以从各种各样的图片中创建 360 度的网络全景图，可以自动地混合和校正全景图的颜色和亮度。

6. Pano2VR

Pano2VR 是一款 360 度全景图生成软件工具，可以将全景图像转换成 QTVR 或 SWF、HTML5 等多种格式，界面操作简单。

7. Autodesk Sticher

Autodesk Sticher 是一款高品质专业级的全景图制作工具，与 Adobe Photoshop 无缝平滑对接，广泛用于图像编辑、3D 网页、虚拟旅游和超大尺寸全景图印刷等，是专业摄影师、多媒体艺术家和摄影爱好者的必备利器。其最新版本能够为业界很多领域提供优良的解决方案，可以水平或垂直地将鱼眼场景以及相片拼接成全景图，效果令人惊讶。

7.3　光场（Light Field）

光场的获取与特定光场的生成一直以来都是计算摄像与立体视觉领域的研究热点。在工业检测中，理想的照明条件是获取理想的被检测物图像并进行后续检测的前提。

本节将介绍光场的概念，光场成像的历史与发展，光场的应用，光场相机的相关内容。

7.3.1　光场的概念，光场成像的历史与发展

1. 光场的定义

电场和磁场作为中学时期就学过的物理概念，其模型早已深入人心。而"场"作为一个常见的概念（如电场、磁场、引力场、温度场等），可以理解为物理量在空间中的分布状态，如图 7-22 所示。因此，光场就可以理解为光在空间中的分布状态。相比于电场与磁场，光场听上去相对陌生，像是近些年来才提出的概念，实际上，光场跟电场和磁场差不多

是同一个时代的产物。

说到这里，就得提起一位著名的物理学家——迈克尔·法拉第（Michael Faraday）。法拉第的主要成就包括发现电场与磁场的联系，提出电磁感应学说等。1846 年，在他的一篇文章 *Thoughts on Ray Vibrations*（《光线振动思考》）中，首次提出了"光应当被诠释为场"（Light should be interpreted as a field）的论断。法拉第给出的光场的定义：光在每一个方向通过每一个点的光量。"光场"这一概念由此诞生。

想要描述一个物体的视觉信息，只要找出它的包围盒，并记录包围盒表面任意一点向任意方向的发光情况即可。光场就是在任何一个位置往任何一个方向去的光线的强度，如图 7-23 所示。

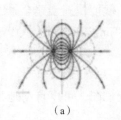
（a）

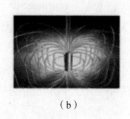
（b）

图 7-22 "场"作为物理量在空间中的分布状态
（a）电场；（b）磁场

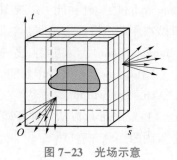

图 7-23 光场示意

提出了光的电磁说的詹姆斯·克拉克·麦克斯韦（James Clerk Maxwell）很好地继承和发展了他的老师——法拉第的研究成果。麦克斯韦于法拉第提出光场定义的 28 年后，初步建立了光场的数学模型，带动了 20 世纪上半叶光场理论的发展。

2. 光场建模

格尔顺（A. Gershun）于 1939 年对光场进行了建模。后来被 Adelson 等人总结和发展为用一个七维函数简洁地表达光线在空间中的分布，即全光函数。简单来说，光场描述空间中任意一点向任意方向的光线的强度。因此，全光函数包含的维度信息有空间位置 (x,y,z)、光线方向 (θ,φ)、波长 (λ) 和时间 (t)。全光函数可以直观地这样解释：

（1）空间中任意一点的观察方向可以理解为被观察者所捕获的光线的方向，可以由球坐标系中的两个角度值 (θ,φ) 来表示；

（2）当光线加入波长信息 λ 后，获取的图像便拥有了颜色，观察时刻可以由时间 t 来表征，则光线记录过程具有了动态性；

（3）通过遍历空间中的每一个观察位置 (V_x,V_y,V_z) 可以记录和表示这个空间中光线的分布状态，即光场。

虽然全光函数总共有七维，但是在实际应用中，波长和时间两个维度的信息通常通过 RGB 通道（即红、绿、蓝 3 个通道的颜色）和不同的帧来表示。因此，若想记录光场，只要关注光线的方向信息和位置信息就可以了。这样，光场的维度就从全光函数的七维降到了后来的五维。光线具有起点和方向（五维），定义为 $P(\theta,\varphi,V_x,V_y,V_z)$，包含 3D 的位置 (V_x,V_y,V_z) 和 2D 的方向 (θ,φ)，如图 7-24 所示。

格尔顺在 1939 年指出，可以使用微积分和解析几何的理论来处理光场。遗憾的是，由

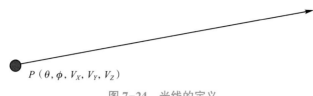

$P(\theta, \phi, V_X, V_Y, V_Z)$

图 7-24　光线的定义

于当时捕捉光场的设备的缺乏以及计算能力的不足，格尔顺提出的光场理论很难进一步被研究，从而使光场的研究经历了较长时间的停滞。直到计算机和数码相机的出现，光场的研究才有了转机。20 世纪 90 年代，斯坦福大学的马克·李沃尔（Marc Levoy）教授等人开始进行光场研究，认为五维光场中还有一定的冗余，由于光线在传播的过程中能量保持不变，因此光场可以在自由空间中简化为四维。Levoy 等人进而提出了著名的光场双平面模型，为下一步光场理论的广泛应用奠定了重要的基础。

光场双平面模型通过记录一条光线穿过两个平行平面的坐标（四维信息）来表示此光线的位置与方向，如图 7-25 所示。注意到这样虽然进一步降低了维度、简化了处理，但具有一定的局限——在实际中，两个平面都不是无限大的（即使是无限大也只能描述一半空间），光场可以描述的范围被两个平面的有效面积限制住了。事实上，人们研究光场更多地也是对空间中某个局部区域的光线分布感兴趣，并不会去研究整个空间中的光线分布，因此四维的双平面模型具有很大的实用价值。下面介绍光场双平面模型的具体含义。

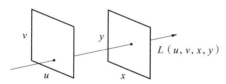

$L(u, v, x, y)$

图 7-25　一条光线穿过两个平行平面的坐标（四维信息）

如图 7-26 所示有两个平面，uv 平面为镜头中心所在平面，相机阵列中不同位置的相机就对应 uv 平面上不同的采样点。由于每一台相机拍摄到的图片存在视差，可以从不同的角度来对物体进行观测，因此称 uv 平面上采样的密集程度为角度分辨率。xy 平面为成像平面，用来描述光线在传感器上的采样。这里需要注意的是，在实际的系统中，传感器的空间位置是在镜头中心所在平面之后的，但是由于传感器上的图像一般为倒像，不利于分析，所以光场双平面模型将传感器平面对称地翻到镜头中心所在平面之前，从而传感器平面上的点可以被直观理解为相机最终所成的像，更容易分析理解。传感器平面反映了单台相机捕捉到的某一个视角的采样，其密度用空间分辨率来表示，也就是常说的图像分辨率。

7.3.2　光场的应用

1. 光场的获取和复现技术

简单来说，光场就是记录真实物体向空间中发射的光线，再利用光线可逆的方式在显示的时候还原出来，对用户来说是极其逼真、自然、大而清晰的一种视觉体验，而且可以动态调焦，就像看真实的物体一样。

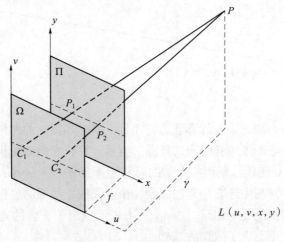

图 7-26　光场的双平面模型

1）光场的获取

针对光场的获取，无论是 Next VR 方案、Lytro 相机，还是 Google Jump 等，大体的方案主要有以下三大类型。

（1）微透镜阵列解决方案：通过细小的微透镜单元来记录同位置不同角度的场景图像，从而在普通成像系统的一次像面处插入微透镜阵列，每个微透镜元记录的光线对应相同位置、不同视角的场景图像，从而得到一个四维光场。代表公司有 Adobe 公司，其于 2011 年推出的光场相机镜头如图 7-27 所示。

（2）相机阵列方案：基于光场双平面模型，斯坦福大学 Levoy 团队早期（1996 年）先后研制出了用于记录光场的单相机扫描台与阵列式光场相机，如图 7-28 所示。

图 7-27　Adobe 公司的光场相机镜头

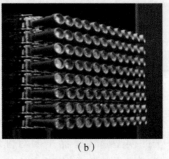

（a）　　　　　　　　　　（b）

图 7-28　记录光场的单相机扫描台与阵列式光场相机
（a）单相机扫描台；（b）阵列式光场相机

单相机扫描台主要是通过扫描台来不断变换单台相机的位置而获取场景中的物体向不同方向发出的光线，通过扫描台来精确控制相机移动的位移，从而精确地控制和调整等效的"相机阵列"中相机之间的距离，所以成本相对比较低廉，用于原理验证十分方便。但是这样的结构具有一个致命的缺点，就是光场的获取过程持续时间过长，以至于在变换相机位置进行拍摄的过程中必须要求场景保持不变，从而仅能针对静态场景进行拍摄，极大限制了它的使用。相比之下，阵列式光场相机可以通过安装在不同位置的相机同时曝光来瞬间获取场景的光场采样，其并行采样机制相对于单相机扫描台的串行采样来讲是一个较大的改进。然而限制其走向应用的另外一大障碍是这款阵列相机的体积实在太大了，在实验室做实验还可以，外出游玩拍摄还是派不上用场。

除上述推出的相机阵列方案以外，代表方案还有：Isaksen 单相机扫描方案、MIT 64 相机阵列方案、卡内基梅隆大学的 3D Room 方案等。它们都是通过相机在空间的特定排列来抓取一组不同的图像，然后通过特定的计算方式将这些图像重构，从而获得光场。用这种方案获得的图片可以包含很多直接的数据信息，而且在合成孔径成像、大视角全景成像方面具有优势。

（3）掩膜及其他孔径处理方案：此类方案的代表有 Veeraraghavan 光场相机等，这类方案都是针对相机的孔径来做文章，通过有规律地调整孔径及光强等来获得一系列照片。这组照片的频域分布与光场数据基本吻合，通过对应的数据处理，可以反推得到四维光场信息。这种方案虽然在硬件方面实行起来较容易，但在软件数据转换方面则需要针对性处理。

实际上，随着近年硬件成本的降低和硬件技术的成熟，光场获取方案目前倾向于大尺度的大型相机阵列和小尺度的光场显微镜。但目前的光场相机方案在图像空间分辨率与轴向分辨率二者之间大都不能较好的兼顾，限制图像空间分辨率和轴向分辨率增长的硬件瓶颈、处理瓶颈等成为目前光场获取最大的问题。

2）光场的复现

而针对如何把光场复现出来，主要的方向有以下 2 个。

（1）计算成像方向：将相机的光学系统抽象成四维光场的不同轴面数据，然后通过计算光辐射量、光瞳函数等得到整个光场的数字信息，再进行数值积分近似求解，就可以基本数字复原出整个光场，这些图像的数字信息可以直接通过相应的显示设备来展示。

（2）数字重聚焦方向：通过获取重聚焦目标物所在的图像平面，计算其接收到的光辐射量，再通过傅里叶切片定理推论，来重建不同焦距处的图像。然而无论采用哪种成像方法，获得这些光场的数字信息以后，都需要相应的显示设备来展示。但目前能够真正实现我们在光场中移动、图像也会随之变化、感受起来就像在一个真实的世界中行走这种效果的设备成品不多。

2. 光场的应用

相对二维数字图像，光场给角度分辨率的拓展带来了更丰富的信息和更广泛的应用。典型的应用包括场景重聚焦、场景深度计算和快速场景渲染等。

场景重聚焦可实现图像拍摄后交互呈现不同聚焦面的图像，显著扩大图像后的处理空间。基于双平面参数化表示，这一应用计算量非常小，可实时交互，已集成于 Lytro 相机中。

场景深度计算是光场信息潜在的一项应用，因为引入了光线角度信息，所以在图像层面隐含了同一场景不同视角投影，这与计算机视觉中的立体视角等效，可通过类似的方法实现场景深度信息的恢复。虽然目前深度相机的成本和采集精度逐渐提高，但是基于主动光的深度感知适用范围较小，利用光场相机有效感知深度也是一个具有广阔应用前景的研究方向。

快速场景渲染是 1997 年光场渲染和流明图提出的初衷，通过采集光场数据，用简单的插值计算代替光线跟踪技术实现数据驱动的快速场景渲染，包括视角变换和光圈变化等。2011 年以来，NVIDIA 公司在这方面做了大量的工作，利用光场理论实现了多样和高质量的场景渲染效果，包括场景的虚化和场景全局光照编辑等。

3. 光场的优势及意义

与传统的二维显示相比，四维光场显示最大的特点在于可以呈现不同深度的图像，用户在观察近景或远景时，都可以看到真实的聚焦和失焦效果。光场技术符合人眼自然成像规律，接近人眼的观看视场角，可以带来更大范围的图像景深效果。

有光场后，从任意位置都可看向此物体，有了视点和看向的方向，通过查询4D的函数就可查询到记录的值。

有了包围盒后，就可以忽略光场内部的细节，只要记录包围盒表面的任何位置、任何方向的光照信息即可。

作为计算光学成像领域的一个重要分支，随着近年来光场相机的发展，光场成像得到了越来越多的关注。光场技术引入VR/AR显示设备后，VR影像达到一个全新的高度。未来，光场视觉技术势必成为VR/AR领域的救星。

4. 展望

从法拉第提出光场的概念到现在也已经有一百多年了，但是光场成像领域还有很多关键的问题没有得到很好的解决，这也导致了光场相机或基于光场的一些技术（如VR）的发展遇到了瓶颈。不过随着一代代学者的不懈努力，在不远的未来，光场成像技术一定会以各种方式造福于人类的生活。

7.3.3　光场相机

1. 光场相机概述

2005年，当时还在斯坦福大学跟随Levoy教授攻读博士学位的吴义仁（Ren Ng）也意识到了单相机扫描台与阵列式光场相机在实际外出摄像中使用不便的问题，他在其博士论文中设计了一款新式的光场相机，该相机采用了"微透镜阵列"的结构。这种结构可以将进入相机的光线分为不同的方向，从而也可以获得具有一定范围视角差异的当前场景的多幅图像。这篇博士论文获得了美国计算机协会（Association for Computing Machinery，ACM）的优秀博士论文。博士毕业后，吴义仁开创了Lytro公司，先后推出了Lytro Ⅰ（2011年，世界首款消费级光场相机）、Lytro Ⅱ两款商业级手持式微透镜型光场相机，如图7-29所示。

（a）　　　　　　　　　　（b）

图7-29　Lytro Ⅰ、Lytro Ⅱ两款商业级手持式微透镜型光场相机

（a）Lytro Ⅰ；（b）Lytro Ⅱ

Lytro相机对光场相机的普及做了很大的贡献，其"先拍照后聚焦"的理念也让人眼前一亮。然而Lytro相机自面世以来却一直不温不火，并没有在摄像领域带来人们所期待的类似于"胶卷相机→数码相机"那样的大变革。就算是现在出去旅游，人们拍照更多使用的是手机或单反相机，很少用光场相机拍风景。这主要是由于该款相机仍有其不足之处——除

功能实用性较低、使用复杂度较高等因素之外，拍摄图像的分辨率较同价位的单反相机更低。为了获取来自不同视角的光线，阵列式光场相机在不同的位置安装彼此相互独立的子相机，而微透镜型光场相机将光场获取集成在一台相机之中，传感器总的像素不变，则势必要牺牲图像的分辨率来提升角度分辨率（获取不同角度光线的能力）。例如，原来 4 096×4 096 的分辨率需要变成 4×4 个 1 024×1 024 的子图像，即使光场相机拥有一系列高端的功能，消费者往往更加看重最基本的性能。因此，Lytro 相机将自己定位在中高端相机并没有最大化地扬长避短，又因为算法层面上还没有做得很完美，所以才导致了现在的局面。如何有效地利用光场相机所捕获的当前场景的子图像，来提高分辨率、开拓新功能，仍然是当今学术界光场成像领域研究的热点问题。

不过光场相机的探索仍未结束，虽然它与同专业的单反相机相比还有一定的劣势，但是随着智能手机的发展与普及，微型摄像头的工艺与质量也在不断改进，各大手机生产商都在尝试将光场的获取能力作为智能手机新产品的一项功能，如各大品牌使用的手机双摄甚至三摄，就是简化的光场相机，如图 7-30 所示。

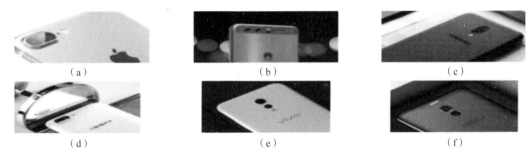

图 7-30　各大品牌使用的手机双摄甚至三摄

(a) 苹果；(b) 华为；(c) 三星；(d) OPPO；(e) vivo；(f) 魅族

2013 年，Pelican Imaging 公司研制了用于手机的计算成像系统 PiCam，如图 7-31 所示。该系统由 4×4 个摄像头阵列组成，每个摄像头只采集一种颜色，通过颜色的合成形成彩色图像，提升了图像的细节展现能力。但该系统的摄像头共用一个互补金属氧化物半导体（Complementary Metal Oxide Semiconductor，CMOS）探测器，限制了最终的合成孔径大小和系统总像素。

图 7-31　用于手机的计算成像系统 PiCam

近些年美国的 Light 公司研制了 L16 计算成像相机，该相机的大小与手机类似，能够合成一张 5 000 万像素的图像，如图 7-32 所示。当然本节只介绍一些有代表性的光场相机，仍然有很多类型的成像体制与光场相机（如 RayTrix 光场相机）在这里没有作介绍，感兴趣的读者可以自行查阅相关资料。

图 7-32　L16 计算成像相机

2. 光场相机的原理及功能

2014 年，Lytro 公司推出 Lytro illum 光场相机。Lytro illum 传感器一共有 4 000 万个像素左右，得到的传感器图像（光场图像）尺寸为 7 728×5 368，就是 4 148×3 904 个像素；Illum 的微透镜阵列个数为 541×434 个，每一个微透镜后面对应的像素个数为 15×15 = 225 个；illum 传感器得到的图像为拜尔格式，排布为' gbgr'。其图像传感器尺寸由 1/3 英寸扩大至 1 英寸，可搭载等效 30~250 mm 的 $f/2.0$ 镜头，可提供 0 厘米超微距功能，性能强。

下面以 Lytro illum 为例介绍光场相机的原理及功能。

1）光场相机的原理

（1）光场相机内部如何记录光线。

有了微透镜结构，光场相机就可以实现光线的方向和强度的记录。如图 7-33 所示，不同方向的光线经过主镜头进入相机，汇聚到微透镜阵列不同的微透镜上，经过微透镜后又发散成若干条光线分别到达探测器的感光元件上。这里每一个微透镜视为一个宏像素，每一个（宏像素）微透镜后面对应 15×15 个元像素（感光单元）。这 15×15 个元像素的亮度总和为最终宏像素的亮度，即宏像素的亮度为其对应所有元像素的积分。而每一个元像素对应通过前面微透镜的一条光线，在 Lytro illum 中，15×15 个元像素就可以记录 225 条通过前面微透镜的不同方向的光线，所以 Lytro illum 一共可以记录的光线条数为 $N×225$，N 为微透镜个数。

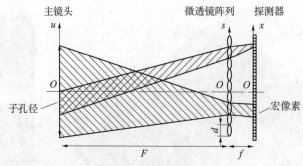

图 7-33　光场相机内部记录光线的方式

（2）Lytro illum 中的光场如何参数化表示。

根据 4D 光场原理，光场用 $L(u,v,s,t)$ 表示，在 Lytro illum 中，

$$s \in (1,625), t \in (1,434)$$

其中，s, t 分别表示微透镜（宏像素）阵列行数和列数；

$$u \in (1,15), v \in (1,15)$$

其中，u, v 分别表示每一个微透镜后面元像素的行数和列数。而每一个宏像素处的亮度为其对应所有元像素的积分，用下式表示：

$$I(x,y) - \iint L(u,v,s,t)\mathrm{d}u\mathrm{d}v$$

在光场 $L(u,v,s,t)$ 中，如果固定 s，t，即选定某一个微透镜，遍历 u，v，就可以得到该微透镜下 15×15 个元像素图像；如果固定 u，v，即选定每一个微透镜下某一个元像素，遍历 s，t，就可以得到一幅主镜头的子孔径图像，一共可以得到 225 幅子孔径图像，如图 7-34 所示为其中一幅。

图 7-34　其中一幅子孔径图像

每个微透镜单元后同一位置的像元均是主镜头同一子孔径的投影，由这些像元可共同组成一幅子孔径图像。不同的子孔径图像是不同方向的光线成像得到的，因此在视角上会有区别。

（3）Lytro illum 如何实现重聚焦。

重聚焦就是将采集到的光场重新投影到新的像平面进行积分。如图 7-35 所示，以二维情况为例，$L(u,s)$ 为采集到的光场，U 和 S 分别表示主镜头孔径所在的平面和微透镜阵列所在的平面，两个平面之间的距离为 L。选择新的对焦平面 S'，与 U 平面的距离为 L'，令 $L' = \alpha L$。S' 平面上所成的像等于 U-S' 之间光场的积分，即

$$I(s') = \int L'(u,s')\mathrm{d}u$$

对于同一条光线而言，应该有

$$L(u,s) = L'(u,s')$$

同时根据光线与各平面的交点坐标可以得到如下关系：

$$\frac{s'-u}{l'} = \frac{s-u}{l}$$

令 $l' = al$ 变换后得到：

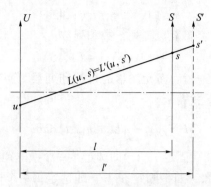

图 7-35　Lytro illum 实现重聚焦

$$s = \frac{s'}{\alpha} + u\left(1 - \frac{1}{\alpha}\right)$$

将其代入上式，得到：

$$I(s') - \int L\left[u, \frac{s'}{\alpha} + u\left(1 - \frac{1}{\alpha}\right)\right] \mathrm{d}u$$

推广到四维情况，可以得到如下的重聚焦公式：

$$I(s', t') = \iint L\left(u, v, u + \frac{s' - u}{\alpha}, v + \frac{t' - v}{\alpha}\right) \mathrm{d}u \mathrm{d}v$$

从式中可以看出，重聚焦就是对光场在位置维度进行平移后在方向维度进行积分的过程。

2）光场相机的功能

光场相机记录了所有的光场信息，支持后期的重新聚焦。有了光场之后，可以虚拟移动相机的位置（重聚焦也是一样的道理）。

3. 光场相机的特点

与数码相机相比，光场相机有以下 3 个显著特点。

（1）先拍照，再对焦。数码相机只捕捉一个光面对焦成像，中心清晰，焦外模糊；光场相机则是记录下所有方向光线的数据，后期在计算机中根据需要选择对焦点，照片最后成像效果要在计算机上处理完成。

（2）体积小，速度快。由于采用与数码不同的成像技术，故光场相机没有数码相机复杂的聚焦系统，整体体积较小，操作也比较简单；由于不用选择对焦，故拍摄的速度也更快。

（3）微距拍摄功能。"微距"通俗来讲就是在较近距离以大倍率进行的拍摄，光场相机所配置的 30～250 mm 的大口径变焦镜头，以它独特成像原理，光圈 1 和最近距离 0 米，使微距效果更加突出。而微距可以放大微观世界，获取人们日常视觉看不到的东西，因此也会更加有视觉冲击力。

4. 光场相机的缺点

（1）光场相机在空间上的分辨率不足。

（2）高成本（分辨率十分高，而微透镜很精密）。

7.4　基于三维几何的 VR 系统与基于图像的 VR 系统的比较

本节将介绍基于三维几何的 VR 系统与基于图像的 VR 系统的不同之处与联系。

1. 不同之处

（1）制作工作量不同：基于三维几何的 VR 系统比基于图像的 VR 系统制作工作量大。

（2）用户使用的方便性不同：由于基于三维几何的 VR 系统比较复杂，所以它比基于图像的 VR 系统的方便性差。

（3）真实感不同：由于基于三维几何的 VR 系统是立体的，更有真实感，所以其比基于图像的 VR 系统的真实感好。

（4）交互性不同：基于三维几何的 VR 系统要强于基于图像的 VR 系统。

2. 几何与图像并没有决然分开

（1）几何场景中的纹理，天空盒/天空球。

（2）全景图一般需要附着在几何形体上来表现。

（3）虚拟场景的全景图需要先构建几何模型场景。

习　题

一、填空题

全景图的分类方式有：＿＿＿＿＿＿、＿＿＿＿＿＿、＿＿＿＿＿＿。

二、简答题

1. 何为 IBMR 技术？其作用是什么？

2. 常见的 IBMR 技术有哪几种？有哪些区别和联系？

3. 何为全景图？它有何作用？

4. 全景图基本技术过程有哪些？

5. 何为路途全景图？其作用是什么？

6. 何为光场及其意义？

7. 简述光场双平面模型的具体含义。

8. 常见的光场相机有哪些？

9. 简述光场相机的原理与特点。

第8章 VR全景图的设计制作

本章学习目标

知识目标：了解 VR 全景图开发平台（PTGui+iH5）；VR 全景图漫游系统的制作流程。

能力目标：能够进行 PTGui 平台的搭建、实操和全景拼接软件的应用。

思政目标：让学生懂得"实践出真知"的道理。

8.1 VR 全景图开发平台及其建立

近年来，随着图像处理技术的研究和发展，图像拼接技术已经成为计算机视觉和计算机图形学的研究焦点。目前出现的关于图像拼接的商业软件主要有 PTGui、Ulead Cool 360 及 ArcSoft Panorama Maker、蛙色 VR 可视化编辑器等，本节将重点介绍全景拼接所需工具 PTGui+iH5 及平台搭建。

8.1.1 VR 全景图开发平台（PTGui+iH5）

1. PTGui 全景拼接工具

PTGui 是 New House 公司为德国的全景拼接工具 Panorama Tools 制作的一个用户界面软件。Panorama Tools 是功能最为强大的全景制作工具，但是它需要用户编写脚本命令才能工作。而 PTGui 通过为全景制作工具（Panorama Tools）提供可视化界面来实现对图像的拼接，从而创造出高质量的全景图像。

PTGui 是一款功能强大的全景图片拼接软件，其 5 个字母来自 Panorama Tools Graphical User Interface。截至 2022 年 4 月，PTGui 已升级到 12.11 版本。使用 PTGui 可以快捷方便地制作出 360 度×180 度的"完整球型全景图片"（Full Spherical Panorama），其工作流程非常简便：

（1）导入一组原始底片；

（2）运行自动对齐控制点；

（3）生成并保存全景图片文件。

PTGui 能自动读取底片的镜头参数，识别图片重叠区域的像素特征，然后以"控制点"（Control Point）的形式进行自动缝合，并进行优化融合。软件的全景图片编辑器具有更丰富的功能，支持多种视图的映射方式，用户也可以手工添加或删除控制点，从而提高拼接的精度。PTGui 支持多种格式的图像文件输入，输出可以选择为高动态范围的图像，拼接后的图像明暗度均一，基本上没有明显的拼接痕迹。PTGui 提供 Windows 和 Mac 版本。

2. iH5 设计工具

iH5，原为 VXPLO 互动大师，是一套完全自主研发的设计工具，允许在线编辑网页交互内容，支持各种移动端设备和主流浏览器，能够设计制作出 PPT、应用原型、数字贺卡、相册、简历、邀请函、广告视频等多种类型的交互内容。

其 PC 端定位的用户相对专业，企业级用户占到八成。此外，它还提供平台社交功能和投放效果监测服务，工具包括事件、时间轴、多屏控制和数据库等高级功能；使用免费，教程详细，能搜索案例联系设计师。

iH5 作为一款基于云端的网页交互设计工具，用户能在无须编码的前提下，通过对多媒体元素的拖拉、排放、设置等可视化的操作，实现在线编辑功能。

iH5 提供下载的大量专业模板，涵盖丰富的移动交互设计样式，包括实现手机多屏互动的"移动穿越"等。经典的 iH5 应用案例包括：百度糯米的"危险电影院"，魅族的"1 分钟还原柴静视频真相"等。

iH5 适用于无编程基础的美编，连擦一擦、摇一摇、3D 旋转翻页等炫丽的交互，都能做出来，大幅提高了 iH5 广告的规格。

8.1.2　PTGui 平台的搭建

下载、安装及运行 PTGui，为进行 VR 全景拼接图的开发和运行做准备。

1. 实验设备

PTGui 平台的搭建需要宿主机一台，采用 64 位操作系统，内存 8 GB 以上，连接外网的速度至少应为 4 Mb/s。

2. PTGui 软件的下载安装

（1）应用百度获取 PTGui 软件的安装包，如图 8-1 所示。

图 8-1　获取 PTGui 软件的安装包

（2）下载安装 PTGui，出现如图 8-2 所示的 PTGui 标识。

图 8-2　PTGui 标识

（3）百度搜索 iH5 和 720 云的官方网站，进行虚拟漫游制作，如图 8-3、图 8-4 所示。

图 8-3　iH5 官网首页

图 8-4　720 云官网首页

8.2　VR 全景图漫游系统的制作流程

本节介绍图像采集及拼接，重点针对柱面投影全景拼接技术进行虚拟校园场景重建及漫游，实现一种基于图像绘制的算法。

利用普通相机在基本保持水平的情况下拍摄场景一圈的照片，再使用该算法拼接这些照片，可以对虚拟场景进行水平 360 度旋转无死角的全景图像漫游。柱面全景图设计模型如图 8-5 所示。

图 8-5　柱面全景图设计模型

8.2.1　图像采集

柱面全景图像的生成必须先使用数码相机对模型实地拍摄不同场景的照片，然后进行图像采集。通常使用的图像大部分是采用普通相机拍摄的，拍摄时要求尽量保持相机的水平，避免相机镜头在上、下方向上偏转过大；绕垂直轴旋转一周连续拍摄，只要保证相邻两幅图像有低重合度即可；然后对采集到的图像进行高斯滤波，消除一些高频噪声，再向下抽样，缩小图像。

1. 拍照方式

如图 8-6 所示，垂直方向分 5 个部分：仰角 45 度（拍 12 张）；水平方向（拍 12 张）；俯角 45 度（拍 12 张）；天空（拍 2 张）地面（拍 2 张）；

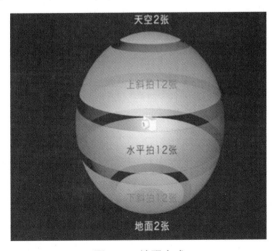

图 8-6　拍照方式

2. 相邻照片重合度

如图 8-7 所示为相邻照片重合度的模型，即要求所拍摄的照片至少有 25%的重合，否则后期拼接会出现较大误差。

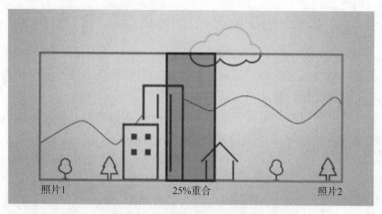

图 8-7　相邻照片重合度的模型

8.2.2　图像拼接

图像拼接主要有以下 4 种，我们使用的是柱面投影全景拼接技术。

1. 平面拼接

平面拼接就是以序列图像中一幅图像的坐标系为基准，将其他图像都投影变换到这个基准坐标系中，使相邻图像的重叠区对齐。平面拼接算法有以下两种。

1）全景图像拼接（Panorama Mosaics）算法

全景图像拼接算法，利用序列图像构造了一个完全的全景图像拼接系统，这是平面拼接技术的典型代表。其拼接算法是对每一幅输入图像施行一矩阵变换，而不是具体的投射所有的图像到一个共同的平面。拼接的技术关键就是根据被拼接图像在拼接重叠区的一致性求出图像间的投影变换矩阵（Projective Transformation Matrix）。投影变换矩阵有 8 个参数，可以交互确定相邻图像中的 4 对对应点，从而确定这 8 个参数的初值，然后通过优化迭代得到投影变换矩阵的精确值。投影变换矩阵的 8 个参数可以简化为 3 个旋转变换参数，图像拼接可以通过控制这 3 个参数来进行。近年来许多研究者对平面拼接进行了研究，他们利用小波变换技术，实现一个基于复值小波分解的图像拼接算法，在分解后的图像上寻找匹配关系。

2）由照片和视频图像进行自动拼接构成广视域全景图的算法

其采用：拓扑推理（Topology Inference）、局部对齐匹配（Local Alignment）、全局协调一致（Global Consistency）等步骤，并将这些步骤进行循环迭代直至帧画面的拓扑结构和位置关系收敛到最佳值为止。在拓扑推理中，其首先粗略地初始化帧画面的位置关系或拓扑结构，然后在位置关系和拓扑结构之间交替地改进一个，计算给出另一个，直到收敛；局部对齐匹配过程是在已给定的帧画面对中，通过提取和匹配明显的特征点，来形成点对（Tie-Point），对局部对齐变形后的两幅帧画面的重叠区域的所有像素点进行综合的、规一化的相似性评价，如果其有足够的相似性，则认为其拓扑关系存在；全局协调一致是一个联合的优化过程，通常选择图像仿射（Warp）变换，调整所有的变换参数，最小化对齐匹配误差，实现整体拼图的全局一致性。

2. 球面拼接

人们在观察周围世界时，首先通过视网膜获取真实世界的图像信息，然后将图像信息通过透视变换投影到眼球部分。因此，最自然的全景图模型就是以视点为中心的单位球，如图 8-8 所示。

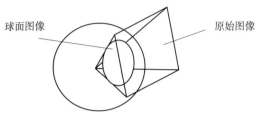

球面图像　　　　　　　　　　　　　原始图像

图 8-8　球面全景示意图

球面全景图是与人眼模型最接近的一种全景描述，但它有以下缺点：球面不能展开在一个平面上，而且像素点在球面上不可以按行、列均匀排列。因此，以前用于处理平面图像的方法往往难以直接应用，导致球面全景图的处理要难得多，于是，人们研究了以下 3 种方法。

（1）基于球面映射的视景生成系统：建立了一个基于 3 个旋转角度控制图像变换的拼接模型，可以用于手持摄像机拍摄的图像的拼接。该系统对输入的一系列图像，可以通过交互拼接，在球面模型上建立起全景图像，实现水平 360 度和垂直 180 度的随意浏览。

（2）基于部分球面模型的室内虚拟漫游系统：采用自动匹配和人机交互相结合的方法，可以无缝地将多幅图像拼接成一幅全景图，并利用改进的、基于查找表的算法，实现固定视点的实时漫游。

（3）基于球面投影模型的全景图像自动拼接算法：对手持相机获得的系列照片，构建了球面全景图像。使用等距离匹配算法计算相机的焦距，以相机焦距作为球体半径并将照片图像投影至球面上。两张相邻照片拼接时，以照片的投影图像最大宽度处一个像素对应的角度（弧度）为步长，从两幅图像中心处开始，取一定宽度的图像块进行匹配，找到两张相邻照片最佳的拼接（经度）线，实现相邻两张照片的自动拼接。将系列图像的拼接结果整合，得到 360 度视角的全景图像；然后进行上、下层全景图像的拼接，生成全视角球面全景图。

3. 立方体拼接

为了解决球面影射中存在的数据不宜存储的缺点，近年来发展了一种立方体全景，如图 8-9 所示。这种立方体投影方式易于全景图像数据的存储，但是只适合计算机生成的图像，对实景拍摄的图像则比较困难。因为在构造图像模型时，立方体各个面之间有一定夹角，这要求相机的摆放位置十分精确，才能避免光学上的变形。最重要的是，这种投影不便于描述立方体的边和顶点的图像对应关系，因此很难在全景图像上标注边和顶点的对应点，可以用以下的方法解决此问题。

基于立方体模型的全景图像绘制方法。其推导出了任意方位的照片图像与立方体表面的相互映射公式，把全方位图像映射到一个立方体的表面上，形成立方体全景图。

4. 柱面拼接

柱面拼接是指将采集到的图像数据重投影到一个以相机焦距为半径的柱面，在柱面上进行全景图的拼接，如图 8-10 所示。虽然与球面和立方体两种拼接方式相比，柱面拼接方式在垂直方向的转动有限制，只能在一个很小的角度范围内转动。但是柱面拼接有其独特的优点：

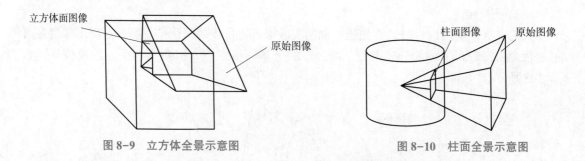

立方体面图像　　原始图像　　柱面图像　　原始图像

图8-9　立方体全景示意图　　　　　　图8-10　柱面全景示意图

（1）柱面可以展开成一个矩形平面，所以可以把柱面全景图展开成一个矩形图，像素点在柱面上可以按行、列均匀排列；

（2）可以直接利用其在计算机内的图像格式进行存取；

（3）数据的采集要比立方体拼接和球面拼接都简单。在拍摄过程中只需将一台相机固定在一个三脚架上，其间尽量不出现倾斜和翻转，并且使前、后相邻两张相片有一定的重叠部分即可。

在绝大多数的应用中，横向360度的环视环境即可较好地表达出空间信息，所以圆柱体全景图模型是较为理想的一种选择。这种映射方式是目前应用最为广泛的一种映射方式。

目前，柱面全景图的拼接算法有许多，本书采用的是基于柱面坐标的方法。该方法首先要对相机的焦距进行估计，将照片图像投影到以相机焦距长为半径的柱面上，然后进行图像的拼接，得到柱面全景图像。本书采用的是基于柱面坐标的全景图像的拼接，其生成过程如下：

（1）固定视点，将相机绕其竖直轴线旋转拍摄获得序列照片图像；

（2）估计相机的焦距；

（3）将照片图像投影到以相机焦距长为半径的柱面上；

（4）拼接生成柱面全景图。

柱面全景应用的一个经典例子就是美国苹果公司（Apple Company）的商业软件QTVR。它在场景中的一些关键位置点生成柱面全景图，在每一个关键点，可以实现视线方向的连续变化，通过关键点间的跳转来实现场景的漫游。

以上都是相机绕固定视点旋转的情况，对于相机移动的情形，有一种多透视全景图（Multi-Perspective Panorama）的方法，即相机在三维环境中行走进行拍摄，然后将这些三维环境中获得的多幅图像拼接起来，构成一幅多透视全景图，并实现固定路径的漫游。还有一种将视点限制在一个平面内的同心拼图法，它将摄像机绕一平面的中心旋转拍摄一圈，摄像机光轴通过旋转中心，将拍摄的所有影像上的同一列拼接起来构成一张全景拼图，所有这些全景拼图就形成了同心拼图。

8.2.3　全景图的生成及制作虚拟漫游

在完成图像采集、图像拼接等步骤后就能得到虚拟校园各场景多幅柱面全景图，为更生动地展现全景图，给人身临其境的感觉，在得到这些全景图后，可用全景空间编辑器把多幅全景图像组织成用户可任意漫游的虚拟全景空间。

本书实现的虚拟全景空间由 Unity3D 完成，将其制作成 Unity3D 影片发布到网上，就可以浏览整个虚拟全景空间。

8.3 PTGui 全景拼接软件的应用

本节将介绍 PTGui 软件的具体操作与详细步骤，让同学们能够了解、认识它，并熟练掌握此软件的使用方法，为实现 VR 全景虚拟校园打下坚实的基础。

8.3.1　PTGui 的主界面

PTGui Pro 多功能全景制作工具的用户主界面，如图 8-11 所示。PTGui 是目前功能最强大的全景制作工具，它操作简单，容易掌握。PTGui 通过为全景制作工具提供可视化界面来实现对图像的拼接。

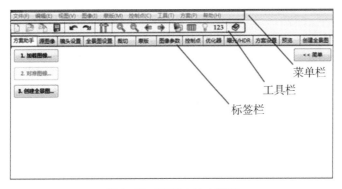

图 8-11　PTGui 的主界面

8.3.2　PTGui 的使用方法

1. 导入照片

单击 PTGui 主界面（图 8-11）中的"加载图像"按钮，选择要合成的照片，如图 8-12 所示。

选择照片时，按〈Ctrl〉键可以多选。有时 PTGui 会找不到照片信息，如无特殊要求，可以打开"相机/镜头数据库"对话框，让其自动添加，如图 8-13 所示。其中 EXIF（Exchangeable Image File Format）信息是可交换图像文件格式的缩写，是专门为数码相机的照片设定的，可以记录数码照片的属性信息和拍摄数据。EXIF 可以附加于 JPEG、TIFF、RIFF 等格式文件之中，为其增加有关数码相机拍摄信息的内容和索引图或图像处理软件的版本信息。

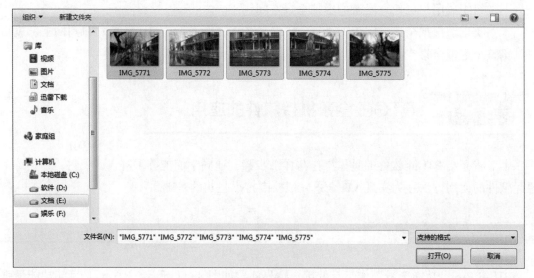

图 8-12　导入照片

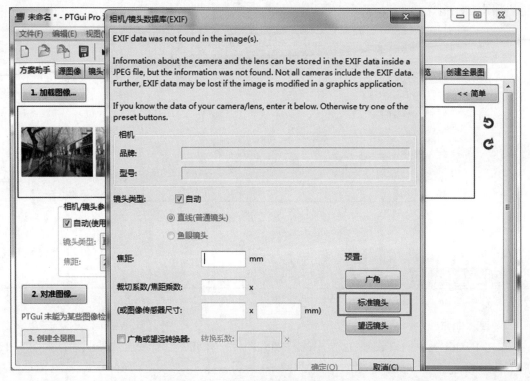

图 8-13　相机/镜头数据库的选择

2. 合成照片

选择完照片后，单击"对准图像"按钮，PTGui 会自动对准，如图 8-14 所示。

如图 8-15 所示为等待照片合成。待照片合成后，软件会弹出全景图编辑器，如图 8-16 所示。

图 8-14　自动对准

图 8-15　等待照片合成

3. 调整照片

如图 8-17 所示，全景图编辑器可以调整照片，在编辑器里可以把照片拉直，进行调

图 8-16　全景图编辑器

整。单击鼠标，设置鼠标位置为居中点，也可以改变居中点的位置。能够使用鼠标左键来拖拽移动全景图，以鼠标右键来旋转全景图。

图 8-17　全景编辑器调整照片

4. 生成照片

调整好想要的照片后，直接关闭全景图编辑器，然后单击"创建全景图"按钮就可以了，如图 8-18 所示。以上就是 PTGui 全景拼接软件的拼接步骤。

图 8-18　创建全景图

8.3.3　PTGui 细节分析与深入实战

全景接片素材的拍摄非常重要，只有前期拍好了，后期的接片才轻松。而且对于平接全景和行星全景，二者的拍摄方法也略有不同，需要在拍摄时加以注意。

结合软件处理能力和规范要求，需要注意以下 8 点。

1. 拍摄时的细节

（1）固定焦段。其原因在于使各照片所获得的物体成像比例相同，PTGui 将根据人工指定或第一张照片的 EXIF 信息确定焦段和机型，正确计算透视关系；若要将不同焦段的照片合为一体，也可以实现，但后期处理将会非常繁杂，需要人工将相关照片按指定焦段进行折算和加工后，才会让程序完成自动对接控制。

（2）曝光。由于场景大，各处的光照情况差别巨大，而且相机本身的宽容度有限，因此需要根据场景光照情况，采用固定曝光或自动曝光+包围曝光的方法，实现场景总体不过曝、不欠曝。在无大光比的情况下采用固定曝光最恰当，在光比过大时采用自动曝光+包围曝光也是实用的。PTGui 具备自动曝光修正和 HDR 合成处理能力。但尽可能采用固定曝光或多段式固定曝光最好。

（3）光圈。光圈越小景深越深，场景清晰范围越广。不同光圈的景深不同，场景清晰范围也不同，从便于操作、减轻景深的计算来看，固定光圈是最容易的做法；当然不固定光圈也是可以的。

（4）对焦。在行星接片中由于远近差距非常大，所以一定要对光圈与景深做到"心中有数"，确保关联片中重叠（用于控制）区域内的物体清晰（特别重要），可以根据每层

（圈）片时设定不同的对焦点，或者采用自动对焦点。如果关联片控制区域模糊，则将难以实现自动对接，就是人工手动设定控制点也将是困难的事情。

（5）基点。基点是拍摄时的圆心，在准备行星接片时，若想将主体更突出（即更大），则拍摄时的基点一定要根据主体及周边场景的高低透视来合理确定，基点离主体越近，则在行星照片中展现越大。

（6）补拍。在城市近景中一般都会遇到人、车、广告屏、流动灯等在动、在变化的场景，若快门速度不够快，则会形成拖影或虚影或断影（不全），因此，一般在主体全影拍完后或相关近景拍摄时，在同一基点，用相同焦段，通过调整光圈、曝光时间、ISO 等方法，补拍相关近景人、物、光的清晰静态照片备用，而且要尽一切可能让照片中的人、物保持最大程度的完整，对此，也可多补拍几张备用。

（7）拍摄。有条件最好是使用全影拍片专用云台，没有条件的可用常规球形云台，当然也可以用手持，不过，手持的误差大，后期手工调整难度也大。因此，最好还是上脚架拍素材片。

平接全景拍摄比较简单，在场景以远景为主，基本无近景的情况下，采用手持拍片即可完成任务。

然而行星全景拍摄则稍烦琐，具体要求如下：

① 以竖拍位，将镜头竖直向下，自动对焦（Auto Focus，AF）后调为手动对焦（Manual Focus，MF）锁定，围绕脚架拍一周，前后照片间要有四分之一左右的重叠区域；

② 提升仰角，与前一周片上下有四分之一左右的重叠，对焦后锁定，再拍一圈；

③ 按此步骤完成至球形天顶各区域圈层的主体拍摄；

④ 要观察近景圈层和特殊部位，完成补拍。

对素材进行检查和第一次后期处理，一般可以使用 Lightroom 或 Photoshop 进行。可以使用 Lightroom 调整曝光、对比度、白平衡、高光、阴影、光晕等内容，事先将暗部和亮部进行处理，再以原片尺寸 100%调整后接片用的 JPG 图片。（这个过程非必需，可以跳过，直接进入接片环节。）

2. PTGui 接片时的细节

此软件图片处理量最少为 2 张，最多一次为 118 张，其支持出图 25 000×25 000 像素大小。不过，对于图片多，出大图时，对 PC 的 CPU 和内存要求较高，若 PC 配置不高，则装载图片慢，全景编辑图调整时滞后严重，出图所需耗费时间长，所以，尽量选择配置较高的计算机。

使用对准图像功能完成各照片间节点的自动标识处理。对于 CPU 有多个核心或线程的，能同时对多张照片进行关联性识别处理。

（1）选择控制点页面，使用放大镜工具或改变下面的缩放数值放大和缩小照片，使用预览曝光拉杆，可以增亮或减弱显示照片的光亮度（不影响最终成片亮度），以方便查找两张照片间的关联节点，如图 8-19 所示。

（2）在图号中，显示为黑体的图号数值表示与所选照片有关联关系，表明已建立了节点。

（3）节点调整。对于没有建立节点或虽建立了节点，但节点不足或错误的，需要人工调整或增加相关节点。选择两幅相关图像，在其中一幅图（A）中找到有特征的图像点，单

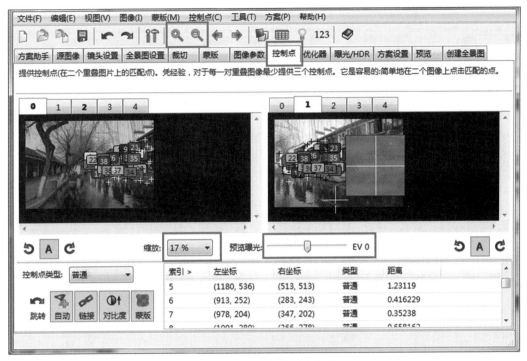

图 8-19　设置照片的曝光与缩放

击，若程序认为能找到该图像点在另一幅图（B）中的相同点，则在 B 中会显示十字形图标，人工判断若正确，则单击确定即可；人工判断若不正确，则选中该十字形图标并将其移至正确的图像点处。若程序在 B 图中找不到相关点，则由人工自行在 B 的关联点处单击即可设定 A、B 间同一点位的关联关系。

（4）实施了步骤（3）中手工增删节点的情况后，需要重新在方案助手页面执行对准图像操作，这样才能在全景图编辑器中看到节点调整后的全景接图效果。

（5）若两张照片间没有重叠区域或重叠区域过少不足以识别，则无法通过控制点建立两张图片间的关联，只能通过后续在全景图编辑器中手工拖动布放位置。

3. 利用蒙版

根据全景场景，可以人为选定一部分图像在全景合成图中强制显示或强制隐藏，合理使用，能够使最终全景图更美观和更符合需要，如图 8-20 所示。

（1）红色为强制隐藏，绿色为强制显示，无色圈为皮擦，画笔为划线，可调尺寸，在需要标定的区域画一个封闭圈后，按下桶状图标后在图中单击，即封闭圈所属区域会被全涂满。

（2）为何要选择强制处理区域？默认为不强制显示也不强制隐藏，则多张照片中相同场景的色调、色彩、亮度会被程序自动处理，特别是多层片中存在高反差时，结果图中会显得模糊，通过指定强制显示区域，就可以直接在结果图中保留所选定图景的色彩、色调和亮度等信息。强制显示区是指在其他照片中有相同场景时会强制显示出来，其他未设定强制显示的则不显示出来，同时，强制显示不会因多照片中有相同场景而产生色调、亮度被均化的情况。强制隐藏区只针对本片层中所选部分的隐藏，对于涉及多照片同一场景的，如有需

元宇宙技术：虚拟现实基础

要，应在各照片中同时隐藏处理。

图 8-20　图像复查与调整

（3）注意边沿过渡。在涂抹时，对于缺乏过渡区域的硬变化图像处，或者色差较大的图像处，应延伸涂抹一段，否则会产生全景图中景物色调过渡不自然的现象产生。

（4）对照全景图编辑器中的图像反复检查和对应调整。

4. 在全景图编辑器中检查拼接效果和调整全景结构形式

全景图编辑器具有非常强大的功能，在这里可以以全局视角看到每一张照片所拼接的位置，也可以手工调整任意一张接片的位置，可以调整视点、各种出图效果结构，观察接片的最终成像效果。

（1）图形结构的选择。常用的图形结构有：柱面纵向拉伸横向压缩，适合于表现高大威猛的状态；圆形类似于鱼眼镜头的视角；墨卡托形式（墨卡托投影是正轴等角圆柱投影，假想一个与地轴方向一致的圆柱切或割于地球，按等角条件，将经纬网投影到圆柱面上，将圆柱面展为平面后，即得本投影，墨卡托投影在切圆柱投影与割圆柱投影中，最早也是最常用的），其为平面图，横纵无压缩，不夸张，保持了正确的透视关系，写实现场；小行星300度立体投影，可以生成行星状球形图片结构，很有视觉冲击力，不过不是每类图都适合此种形态；直线结构的视角从两边急剧向中间收拢，变形严重但很有速度感。

（2）接片位置的查看及调整。选择编辑个别图像，就会在图像上显示每张接片的编号，单击左边工具就可以显示每张接片使用的范围边界，并能够手工拖动调整布局，但非必要情况最好不要使用手工调整布局，主要原因是手工接片的精度难以把握。可以通过单击上边显示的图片编号查看具体接片在整体图中的取舍、位置情况，若不满意，则可通过控制窗口中的相关功能给予调整，如蒙版标注改变后就会实时在本窗口中显示出来，但控制点的调整却

194

不会实时显示出来。

注意：每张照片的使用情况可以在控制窗口中的"图像参数"功能中查看。

（3）视场中心点调整。按住鼠标左键左、右拖动可以调整视场横向中心点，上、下拖动可以调整视场纵向中心点。按住鼠标右键上、下拖动可以调整画面整体水平（倾斜）度。对于小行星结构的视角调整，最好将图形结构置为柱面或墨卡托形式，在平面结构中调整好后再转换为小行星结构，这样比较迅速和容易，特别是在 PC 配置不高的情况下。在平面结构下，若视场中心点与实际的视图中心面有差异，全景图离视场中心点越远，其变形越严重，在转换为小行星结构后，相应部位的变形会更严重（有放大效应）；若不希望以非正常变形来展示，则应通过调整视场中心来纠正全片的非正常变形。

（4）全景结构与投影范围可以在控制窗口中使用"全景图设置"功能来指定，投影范围可以在上、下、左、右各 360 度内设定。

（5）确定出图区域。在图片四周边缘按住鼠标左键可以拖出一根黄色线，用这根线可以界定后续出图的区域范围，也可以理解为有效保留区域。

5. 保存全景工程方案

在拼接和调整后，记得保存全景工程方案，即单击软件主界面工具栏中的磁盘图标或在文件下拉菜单中的单击"保存"选项，这样以后可以直接调入所保存的工程方案，继续出图或优化调整，保存前面的拼接成果。

6. 曝光纠正

在图 8-21 所示的界面中，可使用"曝光/HDR"功能，点选、修正后会在全景图编辑器中实时显示效果。

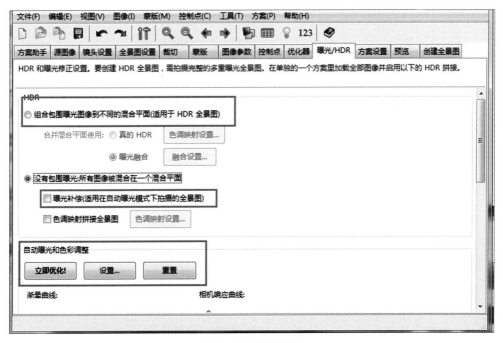

图 8-21　曝光纠正

（1）HDR 方式：解决同一素材多片包围曝光并转换为 HDR 全景图。HDR 是用来实现比普通数位图像技术更大曝光动态范围（即更大的明暗差别）的一组技术。

（2）曝光修正：解决因素材曝光不一致产生的色调过渡生硬的情况，但需要区分情况使用。在某些场景中使用时，其副作用就是全片曝光下降严重，对比度被提升太多；而在阳光充足时采用自动曝光拍的素材，使用曝光修正后全片效果非常良好。

（3）色彩调整优化：单击"立即优化"按钮，让软件自动计算。

7. 创建全景图

完成上述拼接和调整后，就可以通过控制窗口中的"创建全景图"功能来创建出一张效果好的全景图。

（1）设置出图的大小：像素越大花费时间越长，所以，初出图时可以先出一张小图来细看。

（2）设置分辨率：分辨率设得越高，照片体积越大，当然细节也越丰富，但一般应根据需要合理设定，保持适当的质量和体积即可。

8. 最后的后期效果

PTGui 出图后，可以再用 Photoshop 或 Lightroom 对最终照片做进一步调整，如过渡的细节、色调、压光提亮等，以达到更好的图像质量和效果，或者加入 LOGO 等。

如图 8-22 所示为最终全景图效果。

图 8-22　全景图样例

习　题

一、单选题

1. 以下对图像采集细节描述错误的是（　　　）。

A. 拍摄时要求尽量保持相机的水平

B. 拍摄时避免相机镜头在上下方向上偏转过大

C. 必须保证相邻两幅图像有高重叠

D. 用抽样后的图像进行后续重叠量检测操作，可以大大减少运算量

2. 以下属于球面拼接的缺点的是（　　　）。

A. 图像不能展开在一个平面上

B. 可以有序排列图像

C. 不能实现基于球面投影模型的全景图像自动拼接

D. 不能实现基于部分球面模型的室内虚拟

3. 以下对 PTGui 接片的注意事项的描述，正确的是（　　　）。

A. 在图号中，显示为黑体的图号数值表示与所选图片有关联关系，还未建立节点

B. PTGui 在所有计算机中都可以运行

C. 对于没有建立节点或虽建立了节点，但节点不足或错误的，需要人工调整或增加相关节点

D. 手工增删节点后，不做什么仍然能在全景图编辑器中看到节点调整后的全景接图效果

4. 立方体拼接适合（　　　）。

A. 计算机生成的图像

B. 实景拍摄的图像

C. 各种图像

D. 以上都不适合

二、多选题

1. 平面拼接算法包括（　　　）。

A. 利用序列图像进行拼接

B. 由照片和视频图像进行自动拼接

C. 由照片无序排列拼接

D. 图像排列四周拼接

2. 以下拍摄要求正确的是（　　　）。

A. 拍摄时只需采用固定曝光就可以实现场景总体不过曝、不欠曝

B. 采用自动对焦拍摄更方便

C. 拍摄时需要固定光圈

D. 拍摄时必须固定焦段

3. 以下哪些是柱面拼接的优点（　　　）？

A. 柱面可以展开成一个矩形平面

B. 可以直接利用其在计算机内的图像格式进行存取

C. 不会出现倾斜和翻转现象

D. 数据的采集要比立方体拼接和球形拼接都简单

三、填空题

1. 图像拼接方式包括_____、_____、_____、_____。

2. 可以采用_____、_____的方法，实现场景总体不过曝、不欠曝。

3. 使用模板时，_____为强制隐藏、_____为强制显示、_____为皮擦。

4. 将视点限制在一个平面内的拼接方法称为_____。

5. 在动态、变化的场景且快门速度不够快时，用_____方法可以弥补相机的不足。

四、简答题

1. 虚拟漫游系统的制作流程是什么？请简要回答。

2. 平面拼接中由照片和视频图像进行自动拼接构成广视域全景图的方法步骤是什么？请简要回答。

3. 基于柱面坐标的全景图像的拼接，其生成过程是什么？

4. 可以用哪些方法在全景图编辑器中检查拼接效果和调整全景结构形式？

5. 请详细描述纠正曝光的方法。

五、实践题

1. 试用 PTGui 实现本章全景拼接软件应用的实例，并注意细节分析与调整。

增强现实/混合现实及移动端开发篇

第9章 增强现实（AR）/混合现实（MR）

知识目标：了解增强现实、混合现实及其产生，包括增强现实的两种应用形式及关键技术（实体+三维虚拟物体、实景+环境信息标注，三维注册、虚实融合显示、实时交互），增强现实应用形式的扩展，增强现实应用的畅想等，为增强现实移动端应用开发实操奠定基础。

能力目标：能够利用头盔显示器，体验光学透视 AR 系统。

思政目标：让学生养成"协同工作"的作风。

9.1 增强现实和混合现实的概念

9.1.1 增强现实及其产生

1. 增强现实的基本概念

增强现实（Augmented Reality，AR），也被称为扩增现实（中国台湾地区），是一种将虚拟信息与真实世界巧妙融合的技术，广泛运用了多媒体、三维建模、实时跟踪及注册、智能交互、传感等多种技术手段，将计算机生成的文字、图像、三维模型、音乐、视频等虚拟信息模拟仿真后，叠加到真实世界中，两种信息互为补充从而实现对真实世界的"增强"。

这个词语最早被前波音公司研究员汤姆·考德尔（Tom Caudell）在 1990 年所使用，1992 年，美国 Armstrong 实验室的路易斯·罗森贝格（Louis Rosenberg）开发了第一个 AR 系统：Virtual Fixtures。商业 AR 体验最初是在娱乐和游戏业务中引入的，随着电子产品运算能力的提升，AR 的用途也越来越广。

目前对于 AR 有两种通用的定义，一种定义是北卡罗来纳州立大学教授罗纳德·阿祖玛（Ronald Azuma）于 1997 年提出的，他认为 AR 包括以下 3 个方面的内容：

（1）真实世界和虚拟世界的组合；

（2）实时交互；

（3）虚拟物体和真实物体的精确 3D 配准。

而另一种定义是 1994 年保罗·米尔格拉姆（Paul Milgram）和岸野文郎（Fumio Kishino）提出的现实-虚拟连续统一体（Milgram's Reality-Virtuality Continuum），其将真实环境和虚拟环境分别作为连续系统的两端，位于它们中间的被称为"混合实境"（Mixed Reality，MR，又称混合现实），靠近真实环境的是增强现实（AR），靠近虚拟环境的则是扩增虚境（Augmented Virtuality，AV），如图 9-1 所示。

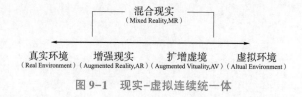

图 9-1　现实-虚拟连续统一体

AR 是虚拟与现实的连接入口，与 Oculus 等设备主张的虚拟世界沉浸不同，AR 注重虚拟与现实的连接，是为了达到更震撼的现实增强体验。

AR 的技术种类众多，目前主流的是指通过设备识别判断（二维、三维、GPS、体感、面部等识别物）将虚拟信息叠加在以识别物为基准的某个位置，并显示在设备屏幕上，可实时交互虚拟信息。总结起来即识别、虚实结合、实时交互。

AR 系统于是具有 3 个突出的特点：真实世界和虚拟的信息集成，具有实时交互性，是在三维尺度空间中增添定位虚拟物体。

AR 技术可广泛应用于军事、医疗、教育、工程、影视、娱乐等多个领域。

2. 组成形式

一个完整的 AR 系统是由一组紧密联结、实时工作的硬件部件与相关的软件系统协同实现的，常用的有如下 3 种组成形式。

1）基于计算机显示器（Monitor-Based）AR 系统

如图 9-2 所示，在基于计算机显示器的 AR 系统实现方案中，摄像机摄取的真实世界图像输入计算机，与计算机图形系统产生的虚拟景象合成，并输出到计算机屏幕显示器，用户从屏幕显示器上看到最终的增强场景图片。它虽然不能带给用户许多沉浸感，但却是一套最简单适用的 AR 实现方案。由于这套方案的硬件要求很低，因此被实验室中的 AR 系统研究者们大量采用。

2）视频透视式（Video See-Through）AR 系统

头盔显示器（HMD）被广泛应用于 VR 系统中，用以增强用户的视觉沉浸感。VR 技术的研究者们也采用了类似的显示技术，这就是在 AR 中广泛应用的即穿透式 HMD。根据具体实现原理又划分为两大类，分别是基于视频合成技术的穿透式 HMD 和基于光学原理的穿透式 HMD。

视频透视式 AR 系统实现方案，如图 9-3 所示。

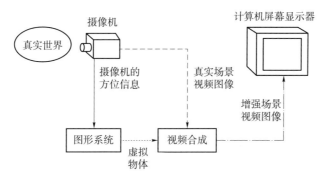

图 9-2　基于计算机显示器 AR 系统实现方案

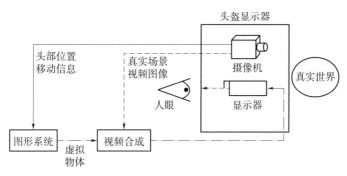

图 9-3　视频透视式 AR 系统实现方案

3）光学透视式（Optical See-Through）AR 系统

在上述的两套 AR 系统实现方案中，输入计算机中的有两个通道的信息，一个是计算机产生的虚拟通道信息，另一个是来自于摄像机的真实场景通道信息。而在光学透视式 AR 系统实现方案中去除了后者，真实场景的图像经过一定的减光处理后，直接进入人眼，虚拟通道的信息经投影反射后再进入人眼，两者以光学的方法进行合成，如图 9-4 所示。

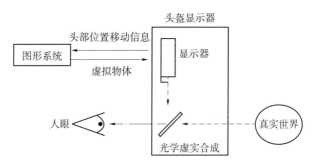

图 9-4　光学透视式 AR 系统实现方案

4）3 种 AR 系统结构的性能比较

3 种 AR 显示技术实现策略在性能上各有利弊。在基于计算机显示器 AR 和视频透视式 AR 显示技术的 AR 实现中，都通过摄像机来获取真实场景的图像，在计算机中完成虚实图像的结合并输出。

整个过程不可避免存在一定的系统延迟，这是动态 AR 应用中虚实注册错误的一个主要产生原因。但这时由于用户的视觉完全在计算机的控制之下，所以这种系统延迟可以通过计算机内部虚实两个通道的协调配合来进行补偿。

而基于光学透视式 AR 显示技术的 AR 实现中，真实场景的视频图像传送是实时的，不受计算机控制，因此不可能用控制视频显示速率的办法来补偿系统延迟。

另外，在基于计算机显示器和视频透视式 AR 显示技术的 AR 实现中，可以利用计算机分析输入的视频图像，从真实场景的图像信息中抽取跟踪信息（基准点或图像特征），从而辅助动态 AR 中虚实景象的注册过程。而基于光学透视式显示技术的 AR 实现中，可以用来辅助虚实注册的信息只有头盔上的位置传感器。

3. 工作原理

移动式 AR 系统的早期原型的基本理念是将图像、声音和其他感官增强功能实时添加到真实世界的环境中。听起来十分简单。而且，电视网络通过使用图像实现上述目的不是已经有数十年的历史了吗？的确是这样，但是电视网络所做的只是显示不能随着摄像机移动而进行调整的静态图像。AR 远比在电视广播中见到的任何技术都先进，尽管它的早期版本一开始是出现在通过电视播放的比赛和橄榄球比赛中。这些系统只能显示从一个视角所能看到的图像。而 AR 系统将显示从所有观看者的视角看到的图像。

现在已有不少投放市场的 AR 系统，研究者将其称为"21 世纪的随身听"。AR 要努力实现的不仅是将图像实时添加到真实的环境中，还要更改这些图像以适应用户的头部及眼睛的转动，以便图像始终在用户视角范围内。下面是使 AR 系统正常工作所需的 3 个组件：

（1）头戴式显示器；

（2）跟踪系统；

（3）移动计算能力。

AR 的开发人员的目标是将这 3 个组件集成到一个单元中，并放置在绑定的设备中，该设备能以无线方式将信息转播到类似于普通眼镜的显示器上。

4. 产生与发展

前面提到 1990 年，研究员考德尔已经提出了 AR 这一名词。

范内瓦·布什（Vannevar Bush）是参与了美国二战期间包括曼哈顿计划在内的一系列科学研究的科学家和工程师，早在 1945 年 7 月出版的《大西洋月刊》上，布什描绘了他的一个构想——一部可连接在普通眼镜上的头戴式照相机，可记录评论、照片以及科学实验数据。他这样写道："想象一下未来实验室里的研究者，他的双手是自由的，是不被束缚的……他（研究员）的照相机比核桃还要小，附在普通眼镜……这远非是普通的构想"，在许多层面上，布什的构想都是如今这些 AR 设备的先驱。

自 20 世纪 70 年代早期，Pong 进入电子游戏厅以来，视频游戏走进人们的生活 30 多年后人们还一直局限在屏幕的 2D 世界中，而 AR 这一技术的到来，通过增强人们的见、声、闻、触和听，进一步模糊了真实世界与计算机所生成的虚拟世界之间的界线。

早在 20 世纪 90 年代，AR 就被用来描述为电子设备辐射到物理世界的任何技术。它与 VR 不同之处在于，VR 靠投影在屏幕上的立体三维来进行模拟，而 AR 是直接在环境中进行全息投影。1990 年，波音公司的装配工在组装波音 777 飞机的电线时就佩戴了一种可以直接叠加飞机机体的显示仪，这样可以节约组装过程中前后来回看的时间。1993 年，后来成为乔治亚理工学院教授的 Thad Starner 制造了可搜索和录制信息的程序设备，成为该技术在流行和广泛应用前的先行者。

从 VR（创建身临其境的、计算机生成的环境）和真实世界之间的光谱来看，AR 更接近真实世界。它将图像、声音、触觉和气味按其存在形式添加到自然世界中。由此可见，视频游戏会推动 AR 的发展，但是这项技术不仅仅局限于此，而会有无数种应用。从旅行团到军队的每个人都可以通过此技术将计算机生成的图像放在其视野之内，并从中获益。

AR 将真正改变我们观察世界的方式。想象自己行走或驱车行驶在路上，通过 AR 显示器（最终看起来像一副普通的眼镜），信息化图像将出现在你的视野之内，并且所播放的声音将与所看到的景象保持同步。这些增强信息将随时更新，以反映当时大脑的活动。

9.1.2　扩增虚境（AV）与混合现实（MR）

1. 扩增虚境（AV）

AR 前面介绍过了，它是将虚拟信息加在真实环境中，来增强真实环境；那么扩增虚境（AV）是什么？同理，AV 是将真实环境中的特性加在虚拟环境中。

如图 9-1 所示，扩增虚境，又称增强虚拟，是混合现实的一个子类别，它指的是将现实世界对象或现实世界的特性融入虚拟世界。例如，手机中的赛车游戏与射击游戏，通过重力感应和磁力来调整方向和方位，那么就是通过重力传感器、陀螺仪等设备将真实世界中的"重力""磁力"等特性加到了虚拟世界中。

如在一个中间壳体虚拟性的连续体，它是指主要的虚拟空间，其中物理元件（如物理物体或人）被动态地整合到且可以用在实时交互的虚拟世界。这种整合是通过使用各种技术实现的，通常是来自物理空间的流视频（如通过网络摄像头）或使用物理对象的三维数字化。

使用真实世界传感器信息（例如陀螺仪）来控制虚拟环境是 AV 的另一种形式，其中外部输入为虚拟视图提供前提条件和后续变化。

2. 混合现实（MR）

1）什么是 MR 技术

MR 技术通过在现实环境中引入虚拟场景信息，在现实世界、虚拟世界和用户之间搭起一个交互反馈的信息回路，以增强用户体验的真实感，具有真实性、实时互动性以及构想性等特点。MR 是一组技术组合，不仅提供新的观看方法，还提供新的输入方法，而且所有方法相互结合，从而推动创新。

20 世纪 70—80 年代，为了增强简单自身视觉效果，让眼睛在任何情境下都能够"看到"周围环境，史蒂夫·曼恩（Steve Mann）设计出可穿戴智能硬件，这被看成是初步对 MR 技术的探索。

根据曼恩的理论，智能硬件最后都会从 AR 技术逐步向 MR 技术过渡。

MR 的概念进入大众的视野，是一段网上疯传的 Magic Leap 公司发的视频，称为"黑科技全息投影裸眼 3D"，该视频展示了一只鲸鱼的全息影像投射在体育馆里的情景，如图 9-5 所示。

图 9-5　Magic Leap 公司展现的鲸鱼视频

MR 是一个快速发展的领域，广泛应用于工业、教育培训、娱乐、地产、医疗等行业，并在营销、运营、物流、服务等多个环节得到充分应用。MR 涵盖计算机增强现实技术的范围，与人工智能（AI）和量子计算（Quantum Computing，QC）被认为未来将显著提高生产率和体验的三大科技。随着人类科技的迭代发展，尤其是 5G（进而 6G）网络和通信技术的高速发展，各行各业都将大规模应用 MR 技术。

MR（既包括 AR 和 AV）指的是合并现实和虚拟世界而产生的新的可视化环境。在新的可视化环境里，物理和数字对象共存，并实时互动。MR 系统通常具有以下 3 个主要特点：

（1）结合了虚拟和现实；

（2）在虚拟的三维（3D 注册）；

（3）实时运行。

2）MR 与 AR、VR 的区别

VR 是利用 VR 设备模拟产生一个三维的虚拟空间，提供视觉、听觉、触觉等感官的模拟，让使用者如同身历其境一般，简而言之，就是"无中生有"。在 VR 中，用户只能体验到虚拟世界，无法看到真实环境。VR 产品的代表：Oculus Rift、HTC Vive Focus、风暴眼镜、大朋头盔。

AR 是 VR 技术的延伸，能够把计算机生成的虚拟信息（物体、图片、视频、声音、系统提示信息等）叠加到真实场景中并与人实现互动，简而言之，就是"锦上添花"。AR 基本都需要摄像头，在 AR 中用户既能看到虚拟事物，又能看到真实世界，例如支付宝的实景红包，以及谷歌眼镜。前段时间比较受欢迎的 Faceu 也是 AR 的应用，它实时地捕捉用户的头部并把"帽子""彩虹""兔子耳朵"这些虚拟信息加于用户头部（如图 9-6 所示）。AR 产品的代表：Google Glass 或那些带摄像头的数码产品（严格来说，iPad、手机这些带摄像头的产品都可以用于 AR，只要安装 AR 的软件便可以使用）。

图 9-6　Faceu 之 AR 应用示例

MR 是 AR 技术的升级，它将虚拟世界和真实世界合成一个无缝衔接的虚实融合世界，其中的物理实体和数字对象满足真实的三维投影关系，简而言之，就是"实幻交织"。在 MR 中，用户难以分辨真实世界与虚拟世界的边界。AR 产品的代表：Microsoft HoloLens、Magic Leap One。MR 与 AR、VR 的区别如图 9-7 所示。

图 9-7　MR 与 AR、VR 的区别

3）MR 的技术应用场景

MR 技术可应用于工业、教育、展览、建筑、医疗等多方面，MR 技术所涉及的应用领域也在逐渐增加，MR 技术与传统行业的结合，如 MR+教育、MR+金融、MR+工业等，也已经拥有了诸多成功的落地场景。

总之，MR 设备带给用户是一个混沌的世界。如果只是数字模拟技术（显示、声音、触觉）等，你根本感受不到虚拟世界和真实世界的差异。正是因为 MR 技术才更有想象空间，它将物理世界实时并且彻底地比特化了，同时包含了 VR 和 AR 设备的功能。

9.2　增强现实的两种应用形式及关键技术

本节将介绍增强现实的两种应用形式（实体+三维虚拟物体、实景+环境信息标注）及其关键技术（三维注册、虚实融合显示、实时交互）等，使读者对 AR 有一个更深层次的理解。

9.2.1　实体+三维虚拟物体

AR 的两种应用形式之"实体+三维虚拟物体"，具体如下。

1. AR 电子书

基于 AR 技术的电子书，也被称为互动 3D 图书，是指在传统纸质图书的基础上，通过 AR 的图像识别，从而能够显示虚拟三维景象的电子图书。AR 电子书（如图 9-8 所示）保留了传统书籍的形式，通过在书中插入虚拟对象，从而丰富了内容的表现形式，读者可以与书中的"真实场景"进行交互，使阅读更加有趣。

2. 虚拟卡通形象

卡通形象是一个完美吸引目标受众的方式，因为卡通形象的设计具有独特的个性、吸引眼球的外观。通过其传达的信息，对客户的影响很大。

卡通形象代言又称虚拟形象代言或感性形象代言，是一种较为新颖的商业行为。它通常具有独特的个性、特征鲜明的外在形象，识别性较高，语言幽默，行为举止活泼有趣，让人喜欢。如今，企业卡通形象设计已经成为代表企业和商品的一种具有象征意义的造型。

虚拟卡通形象亦是通过 AR 的图像识别，从而能够显示虚拟三维形象的卡通形象。AR 虚拟卡通如图 9-9 所示。

图 9-8　AR 电子书　　　　　　　　图 9-9　AR 虚拟卡通

9.2.2　实景+环境信息标注

AR 的两种应用形式之"实景+环境信息标注"，具体如下。

地图传统的导航大多是借助全球定位系统（Global Positioning System，GPS）定位完成的，GPS 借助卫星系统（如我国的北斗，欧盟的"伽利略"，俄罗斯的"格洛纳斯"等卫星定位系统）实现定位。当手机开启 GPS 组件后，它能够捕获到天上至少 3 颗卫星的运行，并在手机上解调出卫星轨道参数等数据，根据数学上 3 条线确定一个点的原理实现用户当前位置的定位。

显然单纯的 GPS 定位只是单向的地图数据展示，为了让用户更直观地体验地图，地图厂商结合街景、卫星地图、3D 实景等实现更为真实的地图场景。不过这些地图始终没有实现和用户更佳的交互体验，随着 AR 技术的发展，"AR+地图"则可以实现这个目标。AR 是一种实时地计算摄影机影像的位置及角度并加上相应图像、视频、3D 模型的技术，它和传统数字地图结合就可以给我们带来更加真实的虚拟导航效果。现在各大地图厂商也纷纷推出了自己的 AR 地图产品，如某些 AR 地图，它使用了"关键字标签+摄像头传感器+直观箭头指引"的 AR 导航模式，用户手机只要开启摄像头对准前方，该 AR 导航应用就会将实时捕捉到的路况信息和内置地图数据结合起来，给用户一个更为直观的导航。

如图 9-10 所示为 iPhone 指路，图 9-11 所示为百度地图 AR 实景导航，它们都体现了"实景+环境信息标注"的应用。

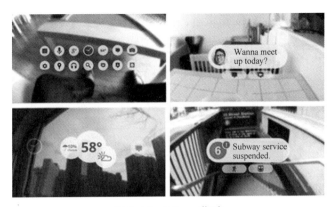

图 9-10 iPhone 指路

图 9-11 百度地图 AR 实景导航

9.2.3 增强现实的三项关键技术：三维注册、虚实融合显示、实时交互

AR 系统的主要任务是把虚拟信息（物体、图片、视频、声音、系统提示等）叠加到真实场景中，并与人实现互动，需要解决真实场景和虚拟物体的合成一致性问题。为了确保真实世界和虚拟物体的准确融合，根据阿祖玛对 AR 的定义，在 AR 应用系统开发中必须要解决好三维注册、虚实融合显示、实时交互三项关键技术。

1. 三维注册技术

三维注册技术是实现移动 AR 应用的基础技术，也是决定移动 AR 应用系统性能优劣的关键，因此三维注册技术一直是移动 AR 系统研究的重点和难点。其主要完成的任务是实时检测出摄像头相对于真实场景的位姿状态，确定所需要叠加的虚拟信息在投影平面中的位置，并将这些虚拟信息实时显示在屏幕中的正确位置，完成三维注册。注册技术的性能判断主要有 3 个标准：实时性、稳定性和鲁棒性。

目前基于移动终端的移动 AR 系统的研究中主要采用以下几种注册方式：基于计算机视觉、基于硬件传感器及混合注册，如图 9-12 所示。

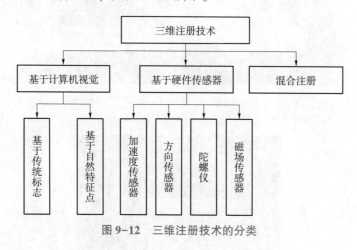

图 9-12　三维注册技术的分类

1）基于计算机视觉的注册算法

目前，基于计算机视觉的注册算法主要有基准点法、模版匹配法、仿射变换法和基于图像序列法等。

其中，基准点法需事先对摄像机进行定标（获取 4 个内部参数），并设置相应的标记或基准点，然后对获取的图像进行分析，以计算摄像机的位姿（获取 6 个外部参数）。其原理是先从图像中提取一些已知的对象特征点，找到真实环境和图像中对应点的相关性，然后由相关性计算出对象姿态，这个过程也就是对从世界坐标转换到摄像机坐标的模型视图矩阵的求解过程。通常，特征点可以由孔洞、拐点或人为设置的标记来提供。其中，对于人为标记的特征点，若按照颜色划分，则有黑白与彩色两种情况若按照形状划分，则有圆形、同心圆环、多边形（包括三角形、方形、五边形等）和条形码等。黑白标志可在图像二值化后用相应算法提取，相对来说彩色标志通过色彩分量提取更容易，但同时易受到光照条件、摄像机本身质量和观察方向等的影响；圆形和同心圆环基于本身几何特性对观察方向的改变很稳定，但是用于作为特征点的中心位置就较难以精确确定；多边形标记采用拐角作为特征点，位置信息更为精确，但往往需要额外途径或信息以使各拐角特征点相互区别，而且多边形方法在标记部分受到遮挡时就可能会由于特征点数量的缺失而失效。

根据所使用摄像机的数量不同，基准点法又可分为基于一台摄像机的单摄像机法和双摄像机的立体视觉法。对单摄像机法来说，至少需要 4 个特征点，因而常采用方形标记；立体视觉法则需 3 个特征点就可确定，因此原理上采用三角形标记即可，但出于对遮挡鲁棒性的考虑有时也会采用方形标记。立体视觉法在对特征点数量的要求上更具优势，并且可以同时从图像视差中获取场景深度信息，但该方法分辨率不高、定位精度不够、摄像机之间基线短且注册深度有限。单摄像机法虽然需要至少 4 个特征点，却以性能表现成为注册方法的首选；立体视觉法则可作为对单摄像机法提高稳定性的额外补充发挥重要作用。

模版匹配法同样需要事先对摄像机标定内部参数，再通过图像分析处理提取环境中平面上的特定图形图案，并与已有模式进行匹配，匹配成功即可确定该图案板的位姿，因而确定要叠加在图案板上虚拟对象的位姿。模版匹配法的典型代表是 ARToolKit。目前，采用 AR-ToolKit 开发的系统有很多，如 MagicBook 等。模版匹配法的优点是方便快速，使用普通 PC 和摄像机即可实现很高的帧频，对快速的运动也适用；缺点是鲁棒性不够，只要对图案稍有遮挡就难以有效运作，因此无法近距离观察与图案板相连的虚拟物体或用实际物体与之进行移动交互。

针对复杂的摄像机标定，有研究致力于简化甚至免除该过程，出现了半自动和自动标定及无须标定的方法。半自动和自动标定一般利用冗余的传感器信息自动测量和补偿标定参数的变化；而无须标定的方法则以仿射变换和运动图像序列法为代表。

仿射变换法不需要摄像机位置、内部参数和场景中基准标志点位置等相关先验信息。仿射变换法通过将物体坐标系、摄像机坐标系和场景坐标系合并，建立一个全局仿射坐标系（非欧几里得坐标系）来将真实场景、摄像机和虚拟物体定义在同一坐标系下，以绕开不同坐标系之间转换关系的求解问题，从而不再依赖于摄像机定标。这种方法的缺点是不易获得准确的深度信息和实时跟踪作为仿射坐标系基准的图像特征点。

基于图像序列法是利用投影几何方法从图像序列中重构三维对象，目前已可以较好地重构一些简单的表面实体。其存在的问题是，现有基于图像序列重构三维对象的技术中，特征点的提取完全基于图像特征进行，少量高可靠性的特征点必须由大量特征点通过复杂的匹配和迭代计算得到，因此难以保证观察视点位置获取的实时性。

就目前而言，基于视觉的 AR 系统可使测量误差局限在以像素为单位的图像空间范围内，因而是解决 AR 中三维注册问题最有前途的方法。但同时研究表明，准确快速地跟踪注册在环境中有精确外部参考点的情况下，比在复杂的户外真实世界中容易实现得多；在户外情况下，需要使用结合了基于跟踪器方法的复合注册法。

2）基于硬件传感器的注册算法

传统 AR 系统的硬件传感器跟踪技术主要包括惯性导航系统、GPS、超声波位置跟踪器或电磁光学等。其中，惯性导航装置通过惯性原理来测定用户的运动加速度，通常所指的惯性装置包括陀螺仪和加速度计；超声波系统利用测量接收装置与 3 个已知超声波源的距离来判断使用者位置；电磁装置通过感应线圈的电流强弱来判断用户与人造磁场中心的距离，或者利用地球磁场判断目标的运动方向；光学系统使用 CCD 传感器，通过测量各种目标对象和基准上安装的 LED 发出的光线来测量目标与基准之间的角度，并通过该角度计算移动目标的运动方向和距离；机械装置则是利用其各节点间的长度和节点连线间的角度定位各个节点。这些跟踪技术共同的问题就是自身应用领域的局限性。例如：电磁装置跟踪器只能在事先预备的磁场或磁性引导环境下工作；GPS 和电磁跟踪都不够精确，机械跟踪系统笨重不堪；适用于室内的跟踪系统不一定能在户外正常发挥作用等。

而在维修诱导、教育培训等应用领域，匹配精度要求比较高，较大的注册误差将破坏用户对周围环境的正确感知，改变用户在真实环境中动作的协调性。因此，要实现精确的 AR 三维注册，必须要有高精度的跟踪设备。移动终端上一般常用的硬件传感器有陀螺仪、速度传感器、磁场传感器、方向传感器等。这种注册方法容易受到环境的干扰，注册不精确。

总之，没有完美的选择。因而对 AR 系统来说并没有单一完美的跟踪解决方案，跟踪系统可以结合其中的 2~3 种跟踪传感器以相互补偿大延时、低刷新率甚至暂时的失效。

然而，对于一个实际的 AR 系统，仅根据头部跟踪系统提供的信息，系统没有反馈，难以取得最佳匹配；而且跟踪器法的精度和使用范围都不能满足 AR 的需要，又容易受到外界干扰，因而几乎不可能单独使用，通常与下面将要介绍的混合注册方法结合起来实现稳定的跟踪。

3）混合注册方法

杜拉克（Dularch）和梅弗（Mavor）曾得出结论，由于系统的不精确性和系统延时方面的限制，目前单一的跟踪技术不可能很好地解决 AR 应用系统的方位跟踪问题。一般的视觉跟踪注册法虽然精确性高，但为了缩短图像分析处理的时间，常依赖于帧间连续性，当摄像机与对象间相对运动速度较大时就会找不到特征点；另外，视觉跟踪注册法在环境不符合要求（如标记被遮挡或光照不足）时会失效，稳定性不够好。而跟踪传感器如电磁跟踪等虽然精确性不高，又有一定延时，但鲁棒性和稳定性不错，而且对用户运动的限制也较小。因此，结合视觉法和基于跟踪器的方法可以取长补短：通常是先由跟踪传感器大概估计位置姿态，再通过视觉法进一步精确调整定位。一般采用的复合法有视觉与电磁跟踪结合、视觉与惯导跟踪结合、视觉与 GPS 跟踪结合等。

电磁跟踪法便携性好，但易受到环境中金属物体的影响，精度不够高；与视觉法结合可以起到加速图像分析过程，从多选中确定正解，作为后备稳定跟踪和为视觉法提供对比参照结果等作用。惯性跟踪优点是延迟小速度快，缺点是误差累积效应并会影响注册稳定性；与视觉法结合后可以预测平面标记的大概运动范围并增加系统鲁棒性和性能表现，视觉法则负责局部图像分析以精确定位并消除传感器的累积漂移量。

采用混合跟踪的方法对增强现实系统进行跟踪注册也是国内外著名大学和科研机构人员研究的方向。混合跟踪注册算法主要是为了得到更加精确的注册结果，将基于计算机视觉的注册算法与基于硬件传感器的注册算法相结合。例如：广东工业大学采用基于计算机视觉和磁跟踪器混合注册方法实现增强现实环境下车间布局系统的设计。

2. 虚实融合显示技术

AR 系统实现虚实融合显示的主要设备一般分为头戴显示式、手持显示式以及投影显示式等。

头盔显示式被广泛应用于 AR 系统中，用于增强用户的沉浸感。按照实现原理大致分为光学透视式和视频透视式两类。光学透视式 AR 系统具有简单、分辨率高、没有视觉偏差等优点，但它也存在着定位精度要求高、延迟匹配难、视野相对较窄和价格高等缺陷。视频透视式 AR 系统采用的基于视频合成技术的穿透式 HMD，利用摄像机采集到的真实环境的视频信息与计算机生成的三维虚拟信息相融合，从而加强用户对真实世界数据信息的认知能力。

手持显示式一般多指手机、iPad、笔记本电脑等移动终端设备的显示器，具有较高的便携性的优点，可以随时随地使用，而且手持式显示设备具有可触控的特点，便于进行人机交互的设计。

投影式显示是将生成的虚拟对象信息直接投影到需要融合的真实场景中的一种增强显示技术。投影式显示能够将图像投影到大范围场景中，但是投影设备体积庞大，比较容易受到光照变化影响，适合室内场景使用，但不适合室外大场景。

虚实融合场景显示研究的主要问题有两个方面：一是如何完成真实场景和虚拟对象信息

的融合叠加，二是如何解决融合过程中虚拟对象信息延迟的现象。对于光学透视式头盔显示器，用户可以实时地看到周围真实环境中的情景，而对真实场景进行增强的虚拟对象信息要经过一系列的系统延时后才能显示到头盔显示器上。当用户的头部或周围景象、物体发生变化时，系统延时会使增强信息在真实环境中发生"漂移"现象。而采用视频透视式显示方式可以在一定程度上解决这样的问题。开发人员可以通过程序来控制视频显示和虚拟对象信息的显示频率，可以达到实时性的需求并且缓解甚至杜绝"漂移"现象。人们常用的基于移动终端的 AR 技术，某种程度上跟视频透视式显示方式类似，但是手持式显示设备能看到的场景更加广阔，只是沉浸感不如视频透视式头盔显示强烈。

3. 实时交互技术

AR 系统交互技术是指将用户的交互操作输入计算机等设备后，经过处理将交互的结果通过显示设备显示输出的过程。目前 AR 系统中的交互方式主要有三大类：外接设备、特定标志以及徒手交互，均具有实时性。

1）外接设备

外接设备如鼠标、键盘、数据手套等。传统的基于 PC 的 AR 系统习惯采用键盘和鼠标进行交互。这种交互方式精度高，成本低，但是沉浸感较差。另外一种是借助数据手套、力反馈设备、磁传感器等设备进行交互，这种交互方式精度高，沉浸感较强，但是成本也相对较高。随着可穿戴 AR 系统的发展，如 Google Glass，语音输入装置也成为 AR 系统的交互方式之一，而且在未来具有很大的发展前景。

2）特定标志

标志可以通过事先进行设计，通过比较先进的注册算法，可以使标志具有特殊的含义，当用户看到标志之后就知道该标志的含义，如图 9-13 所示。因此，基于特定标志进行交互能够使用户清楚明白操作步骤，降低学习成本。这种交互方式带来的沉浸感要稍高于传统外接设备。

图 9-13 特定标志

3）徒手交互

徒手交互主要分为两种，一种是基于计算视觉的自然手势交互方式，需要借助复杂的人手识别算法，首先在复杂的背景中把人手提取出来，再对人手的运动轨迹进行跟踪定位，最后根据手势状态、人手当前的位置和运动轨迹等信息估算出操作者的意图并将其正确映射到相应的输入事件中。这种交互方式带来的沉浸感最强，成本低，但算法复杂，精度不高，容易受光照等条件的影响。

另外一种主要是针对移动终端设备。现如今移动终端的显示设备都具有可触碰的功能，甚至可支持多点触控。因此，可以通过触碰屏幕来进行交互。目前几乎所有的移动应用都采用这种交互方式。

9.3 增强现实应用的发展及畅想

1. 实景+三维虚拟物体+虚实互动

AR 应用的发展，在实景+三维虚拟物体的形式上，增加了虚实互动等。其典型应用例子如下。

1）宜家"家居指南"

在这款应用中，AR 技术主要用于演示视频，突出 3D 技术和扩增实境技术。视频中，用户可以通过宜家的官方杂志作为识别卡，展示此杂志中的宜家家居产品，并将这些产品通过 AR 技术摆放到家中的各个角落。由于 AR 技术是由 VR 技术演变而来的，所以 AR 呈现出来的物品都是 3D 的，用户拿着手机并旋转角度，就可以看清虚拟物品全貌，如图 9-14 所示。

图 9-14 宜家"家居指南"

2）iButterfly

iButterfly 是日本广告公司电通推出的一款手机应用，它利用基于位置的服务（Location Based Services，LBS）与 AR 技术将商家发放广告和优惠券的营销活动通过"捕捉蝴蝶"变成了一个充满趣味性的小游戏。用户可以在手机相机取景器上的现实场景中，通过前后晃动手机捕捉飞舞的虚拟蝴蝶。不同地点"蝴蝶"的种类不同，搜集"蝴蝶"的同时也收集了各种各样的优惠，用户还可以通过蓝牙和其他人交换"蝴蝶"，趣味十足。

2. AR 应用的畅想

1）AR 的广泛应用

AR 技术不仅在与 VR 技术相类似的应用领域，诸如尖端武器、飞行器的研制与开发、数据模型的可视化、虚拟训练、娱乐与艺术等领域具有广泛的应用，而且由于其具有能够对真实环境进行增强显示输出的特性，在医疗研究与解剖训练、精密仪器制造和维修、军用飞机导航、工程设计和远程机器人控制等领域，具有比 VR 技术更加明显的优势。下面对 AR 技术在各领域的应用进行介绍。

● 医疗领域：医生可以利用 AR 技术，轻易地进行手术部位的精确定位。

- 军事领域：部队可以利用 AR 技术，进行方位的识别，获得实时所在地的地理数据等重要军事数据。

- 古迹复原和数字化文化遗产保护领域：文化古迹的信息以 AR 的方式提供给参观者，参观者不仅可以通过 HMD 看到古迹的文字解说，还能看到遗址上残缺部分的虚拟重构。

- 工业维修领域：通过 HMD 将多种辅助信息显示给用户，包括虚拟仪表的面板、被维修设备的内部结构、被维修设备的零件图等。

- 网络视频通信领域：使用 AR 和人脸跟踪技术，在通话的同时给通话者的面部实时叠加一些如帽子、眼镜等虚拟物体，很大程度上提高了视频对话的趣味性。

- 电视转播领域：通过 AR 技术可以在转播体育比赛的时候实时地将辅助信息叠加到画面中，使观众可以得到更多的信息。

- 娱乐、游戏领域：AR 游戏可以让位于全球不同地点的玩家，共同进入一个真实的自然场景，以虚拟替身的形式，进行网络对战。

- 旅游、展览领域：人们在浏览、参观的同时，通过 AR 技术将接收到途经建筑的相关资料，观看展品的相关数据资料。

- 市政建设规划领域：采用 AR 技术将规划效果叠加到真实场景中以直接获得规划的效果。

- 水利水电勘察设计领域：在水利水电勘察设计领域，三维协同设计稳步发展，可能会在不远的将来取代传统的二维设计，AR 技术在设计领域的应用为水利水电三维模型的应用提供了更好的展示手段，使三维模型与二维的设计、施工图纸能更加紧密地结合起来。AR 技术在水利水电勘察设计领域中可以有效地应用于实时方案比较、设计元素编辑、三维空间综合信息整合、辅助决策和设计方案多方参与等方面。

人们希望可以很方便地在不同地点获得同样的媒体和信息，并且是在跨越不同的设备上获得的，即从 PC 到手机，从投影仪到 HMD。用户所能操作的界面已经不再是那一块小小的计算机屏幕了，而是延伸到了更大的空间里，并且可以依据人们最为简便的方式随意地记录下其某一时刻突然迸发出的灵感。

2）AR 概念的进一步深入

有人提出真 AR 的概念，如论文 *Breaking the Barriers to True Augmented Reality*（《跨越壁垒：何为真 AR?》）中提到，已有的 AR 应用都只是 AR 的初级形态，AR 的高级形态将是无法与真实分别的真 AR，它能彻底沟通真实与虚拟从而让人无法分辨真实与虚拟。真 AR 的实现方法有：控制实体物质（Controlled Matter）；环绕 AR（Surround AR），最理想的方式，例如全息＋触觉感知（《普罗米修斯》电影片段）；个体 AR（Personalized AR），例如 Microsoft HoloLens；植入 AR（Implanted AR），从人体内部入手，如同《黑客帝国》中所述。

有人提出 AR 的终极目标的概念：苏·泽兰早在 20 世纪 60 年代初期便提出"终极显示器"。终极显示器必将会是这样，在一个房间内，计算机可以控制一切存在的物体。人能够坐在房间中显示的椅子上，被显示的手铐能将人控制住，而在这个房间内显示的子弹则可以使人致命。

真 AR、AR 终极目标被誉为是对 AR 概念的进一步深入。

习 题

一、单选题

1. 以下不是光学透视式 AR 系统的优点的是（   ）。

A. 结构简单　　　　B. 分辨率高　　　　C. 没有视觉偏差　　　D. 视野相对宽阔

2. 基于（   ）显示技术的 AR 实现中，可以用来辅助虚实注册的信息只有头盔上位置传感器。

A. 基于计算机显示器　　　　　　　B. 视频透视式

C. 光学透视式　　　　　　　　　　D. 以上 3 种都可以

3. （   ）指的是合并现实和虚拟世界而产生的新的可视化环境。在新的可视化环境里，物理和数字对象共存，并实时互动。

A. 虚拟现实　　　　B. 增强现实　　　　C. 扩增虚景　　　　D. 混合现实

4. （   ）是实现移动 AR 应用的基础技术，也是决定移动 AR 应用系统性能优劣的关键。

A. 虚实融合　　　　B. 三维注册　　　　C. 实时交互　　　　D. 全息投影

5. MR 系统通常采用的主要特点是（   ）。

A. 结合了虚拟和现实

B. 在虚拟的三维（3D 注册）

C. 实时运行

D. 以上 3 项都是

二、多选题

1. 使 AR 系统正常工作所需的 3 个组件包括（   ）。

A. 头戴式显示器　　　　　　　　　B. 跟踪系统

C. 移动计算能力　　　　　　　　　D. 3D 眼镜

2. 目前，基于计算机视觉的注册方法主要有（   ）等。

A. 基准点法　　　　　　　　　　　B. 模版匹配法

C. 仿射变换法　　　　　　　　　　D. 基于图像序列法

三、简答题

1. 何为 AR？它有哪几种组成形式？

2. 何为 MR？简述 AR 和 MR 的区别。

3. 何为 AV？简述其与 AR 的区别。

4. 简述 AR 系统的 3 种组成形式的优缺点。

5. 何为 AR 的两种应用形式及关键技术？

6. AR 应用的发展主要指什么？

7. 简述 AR 的广泛应用。

8. 何为真 AR？

9. 何为 AR 终极目标？

10. 试用头戴显示器体会光学透视 AR 系统。

第10章 AR移动端应用开发实践

本章学习目标

知识目标：了解 AR 应用开发的实用工具、AR 移动端应用开发等方面的知识，为成为一名合格的 AR 程序设计员或开发应用工程师奠定基础。

能力目标：具有 AR 移动开发平台的搭建和基于 Vuforia+ Android 的 AR 移动端开发的能力。

思政目标：了解"运动是物质固有的根本属性和存在方式"的概念。

10.1 AR 应用开发的实用工具

面对 AR 应用，特别是手机等移动端 AR 应用，开发商们使用 AR 库的开源 API 简化开发过程。现在市场上有许多 AR 应用开发工具，每个 AR 框架都因为其具体特点而互不相同。

当研究一些移动项目时，人们有机会亲身体验 5 款最流行的 AR 应用开发工具。以下是这 5 款 AR 框架的概述，包括 AR 框架（AR framework）、公司（Company）、许可（License）、支持平台（Supported Platforms）。许可又分为免费（Free）的和商业的（Commercial），以及两种兼有的。

AR framework	Company	License	Supported Platforms
Vuforia	Qualcomm	Free and Commercial	Android, iOS, Unity
ARToolkit	DAQRI	Free	Android, iOS, Windows, Linux, Mac OS X, SGI
WikiTude	Wikitude GmbH	Commercial	Android, iOS, Google Glass, Epson Moverio, Vuzix M-100, Optinvent ORA1, PhoneGap, Titanium, Xamarin
LayAR	BlippAR Group	Commercial	iOS, Android, BlackBerry
Kudan	Kudan Limited	Commercial	Android, iOS, Unity

图 10-1　5 种流行的 AR 应用开发工具

本节将分别简述这 5 款 AR 应用开发工具。

10.1.1　Vuforia

Vuforia 是美国高通公司（Qualcomm）开发的当下被广泛应用的 AR 软件工具。Vuforia 作为 AR 应用开发的完整软件开发工具包（SDK），它支持：

（1）几种不同目标的检测（包括物体、图像和英语文本）；

（2）目标追踪；

（3）2D 和 3D 识别；

（4）扫描真实物体进行识别；

（5）虚拟按键；

（6）使用 OpenGL 映射额外元素；

（7）SmartTerrain（智能地形）TM 提供的实时重建地形的能力，创造环境的 3D 几何地图；

（8）扩展追踪，就算目标已经在视野之外，也能提供持续视觉体验的能力，尤其是使用 Vuforia 检测图片，移动应用可以使用存储在设备上和云里的数据。

Vuforia 的主要优势在于能够支持 AR 设备和一款测试应用，还附带评论展示 Vuforia 的能力。

然而，其缺乏完整的框架手册，导致首次跟 Vuforia 合作的开发商们遇到许多困难。虽然他们提供了许多具体的指示和简短提示，但是这些指示排序随意，不能代替所需文件。

免费版本的 Vuforia 云识别的使用有局限性。另外，水印会在这个版本上每天出现一次。

10.1.2　ARToolKit

ARToolKit 是 DAQRI 公司开发的一套 AR 软件工具，可以用于 AR 应用。它的优点在于可以免费进入库的开源代码。ARToolKit 支持：

（1）2D 识别；

（2）使用 OpenGL 映射额外元素。

AR 库允许提前通知对象标记追踪，通过一个移动设备摄像机完成，并且在设备屏幕上再现位置。然后开发商们就可以使用接收到的数据创造 AR 界面。

ARToolKit 为不同的平台提供服务：Android、iOS、Windows、Linux、Mac OSX 和 SGI。每个操作系统都需要自己的开发环境，开发环境对于以上提到的所有平台都是免费的。

除免费进入这个 AR 库以外，开发文件也是有限的。它包括了测试应用，但并不是每个应用都可以被轻易创造。它们提供的例子较差，也没有关于任何框架更新计划的信息。

10.1.3　WikiTude

WikiTude 是 WikiTude GmbH 公司开发的 AR 软件工具，可以用于 AR 应用。

WikiTude 库支持：

（1）2D 和 3D 识别；

（2）扫描真实物体进行识别；

（3）3D 模型渲染和动画制作；

（4）位置追踪；

（5）HTML 增强。

使用 WikiTude，开发商们可以创造应用在虚拟地图或列表中重建场所，用来搜索事件、推文和维基文章，或者从其他用户那里获得推荐信息。除基于 WikiTude 的应用可以接受移动优惠券、当前特价信息以外，还可以玩 AR 游戏。

WikiTude 可以用于 Android 和 iOS 系统，作为 PhoneGap 的插件、Titanium 的模块和 Xamarin 的组件。这个框架可以用于 Google Glass、Epson Moverio、Vuzix M-100 和 Optinvent ORA1。

其还为开发商提供了一个免费试用版本。如果想使用完整版本，则需要定期付款。从这个框架的名称可以看出，用户可以通过映射到移动设备屏幕上的层级看到地形。

10.1.4　LayAR

LayAR 是 BlippAR Group 开发的一套 AR 软件工具，可以用于 AR 应用。

LayAR 支持：

（1）图像识别；

（2）根据用户位置和识别的图像映射额外元素；

（3）每个框架层级可以包括特定场所或社交网络用户的位置数据。

除此之外，LayAR 的功能允许很大程度上扩展印刷产品的能力。例如，使用基于 LayAR 的应用，可以在印刷目录中下订单，或者听杂志中推荐的歌曲。

所有的研究工作都通过 JS 对象简谱（Java Script Object Notation，JSON）在一个服务器上进行，包括识别时映射额外元素的逻辑。因为这个理由，LayAR 的工作并不是很灵活。

LayAR 的优势是，其文件的细节充足，结构很好，但是框架手册只能在网上找到。

10.1.5　Kudan

Kudan 是 Kudan Limited 公司开发的一套 AR 软件工具，可以用于 AR 应用。

Kudan 的功能包括：

（1）图像识别；

（2）根据用户位置和识别的图像映射额外元素；

（3）无标记追踪（而不是基准标记，依赖于自然特征，如边缘、角落或质感）

（4）使用 OpenGL 通过单独的组件映射额外元素。

Kudan 比其他框架更快。它的库能帮助移动 AR 应用在现实中映射多个多边形模型并且输入一个来自建模软件包的 3D 模型。此外，识别图像的数量不受限制，它在设备上存储文件需要更少的内存。

开发商们可以使用 Kudan 的基本文件，但是框架手册短缺，还需要额外的信息；此外，还可能会遇到受限的内置功能，而不能直接进入 OpenGL。

10.2 基于 Vuforia+ Android 的 AR 移动端开发实例

基于 Vuforia+ Android 的 AR 移动端（手机、平板电脑等）开发，是 AR 应用开发的主要方式。本节将以一个实际例子让读者更熟悉 Unity 软件的使用，并体验制作 AR 所带来的乐趣，从中奠定 AR 开发的基础。

10.2.1 开发前的准备

1. 开发预览图（此图片仅供参考）

如图 10-2 所示是一张 AR 虚拟人物预览图，用手机扫描自己所选择的识别图（图片标志），则可在手机中看到这个虚拟人物出现，是不是很神奇呢?

图 10-2　AR 虚拟人物预览图

2. 开发准备

（1）开发工具：Unity3D、Android、3D 模型等。

（2）开发语言：C#。

（3）开发原理：使用高通的 Vuforia SDK 并结合 Unity3D 进行简单的 AR 应用开发。Vuforia 是全球使用最广泛的 AR 开发平台，支持各种手机、平板电脑和穿戴式眼镜等，它为 UnityAR 开发提供了完整的 SDK。在 Unity 2017.2 版本以后，Vuforia 引擎与 Unity 本身集成并与 Unity 编辑器一起提供给用户使用。当然用户也可下载和安装 Vuforia，用 Unity 下载助手或从 Unity 编辑器的 XR 设置面板安装 Vuforia。Android 是开源的移动编程强大工具，在安装 Unity 时可作为选择组件一并安装，使用时打开即可。

10.2.2 AR 开发过程

1. 获取 Vuforia SDK

为获取高通 Vuforia SDK，可打开其官网 https://developer. vuforia. com/，主界面如图 10-3 所示。

该界面内容全是英文，可以单击右上角的"译"字，翻译成中文。单击 Register 按钮注

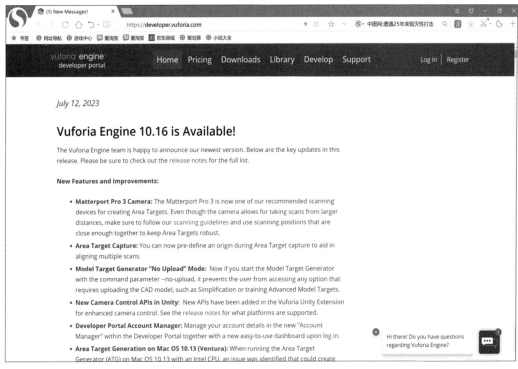

图 10-3　Vuforia 官网主界面

册一个账户之后，再单击 Develop→Add License Key 创建一个许可证，如图 10-4 所示。

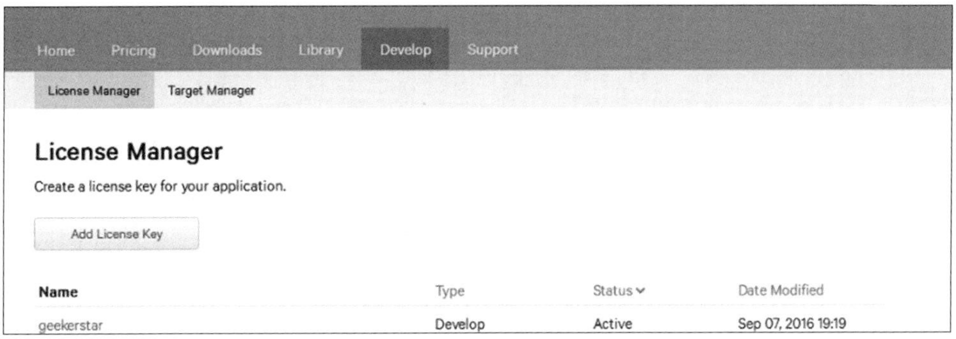

图 10-4　创建许可证

　　然后填写 App Name，按图 10-5 所示选择相关选项，单击 Next 按钮。

　　接下来，按图片显示点击进入图 10-6 这个界面，谨记：把许可证密钥（License Key）复制下来，这个 Key 在导入识别图的时候将会用到（非常重要）。

　　继续浏览网页并单击 Download 按钮，获取 Vuforia SDK，如图 10-7 所示。下载 add-vuforia-package-10-16-5. unitypackage（139. 82 MB）。

　　至此 Vuforia SDK 已经获得，想要学会如何使用所得到的 Vuforia SDK，则学习下面内容。

2. 场景制作

　　下载完毕后双击 import 按钮将其导入 Unity3D 中。

图 10-5　制作 License Key

图 10-6　License key 样例

接下来就是 Unity 中的操作。上述步骤完毕后，在 Unity 中新建一个场景，首先删除其 main camera，然后找到左下角的 Prefabs 文件夹，将该文件夹下的 ARCamera 拖入场景（我们只需要一个摄像机），如图 10-8 所示。

然后选中被拖进场景中的摄像机 ARcamera，在左上角 Inspector 选项卡的 App License Key 中粘贴最开始复制的 License Key，如图 10-9 所示。

注意：图 10-10 红框中是禁用计算机自带摄像头，如果不禁用，点击运行时，计算机摄像头就会启动。

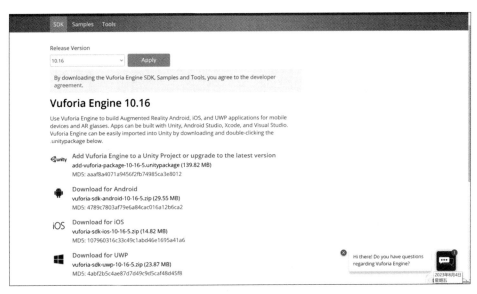

图 10-7　获取 Vuforia SDK

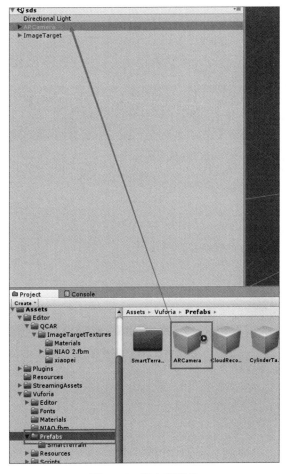

图 10-8　建立新场景

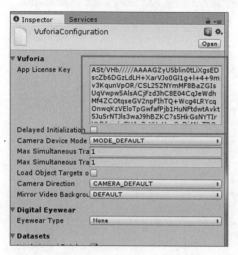

图 10-9　存入 License Key

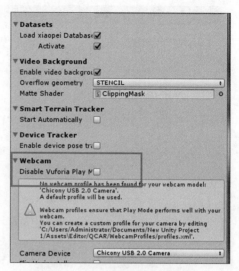

图 10-10　设置是否开启计算机摄像头

　　我们应该知道，AR 需要一张识别图，当摄像机识别到特定位点后即可展现 AR 模型或动画，因此接下来需要制作识别图。识别图要有特点，分辨率高，重复率低。可以自己找一张并保存为 .jpg。再次打开最开始建立 License key 的那个网站（图 10-6），选择 Develop→Target Manager→Add Datebase，在弹出的界面中输入一个名称，如图 10-11 所示。

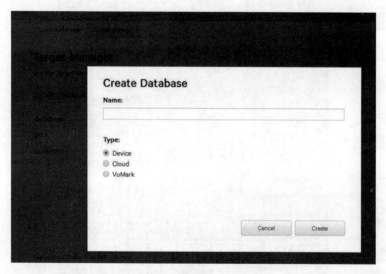

图 10-11　制作识别图

　　然后单击 Create 按钮，弹出如图 10-12 所示界面，单击 Add Target，选择 Single Image（上传识别图），设置 Width（宽度）、Name（名称），最后单击 Add 按钮，至此就成功导入识别图。

　　接着选择 Download Datebase（All）→UnityEditor→Download，此步骤为下载建立的识别图，如图 10-13 所示。

　　下载识别图之后双击即可将其导入 Unity，由于导入了一个新的图片，因此多了一项鼠

图 10-12　上传识别图

图 10-13　选择运行位置

标指向处，还是单击左上角的摄像机 ARCamera，在右上角 Inspector 选项卡中勾选 Datasets 中的两项。这是加载到数据库，并确认活动，如图 10-14 所示。

之后将 Prefabs 文件夹下的 ImageTarget 拖入场景，可以看见场景里面是一片空白区域，如图 10-15 所示。

然后还是选择左上角的 ARCamera 摄像机，找到右上角的属性列表，在 Image Target Behaviour（Script）脚本下的 Type 下拉列表中选择 Predefined，并在 Database 和 Image Target 下拉列表中选择之前所创建的 Database 和识别标记，如图 10-16 所示。

图 10-14 设置数据状态

图 10-15 新场景样例

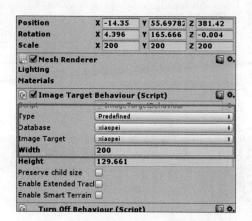

图 10-16 导入制作的数据库包

之后在左下角文件夹中选择导入的识别图，如图 10-17 光标所指位置，并在右上角的小齿轮处单击会出现一个 Rest 单词进行重置，单击该单词就可以识别图片。

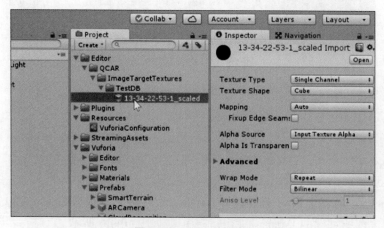

图 10-17 导入识别图

接下来制作简单的立方体模型，直接单击建立的场景列表的空白处（即摄像机下边的空白处），选择 3D Object→Cube 创建模型，如图 10-18 所示。

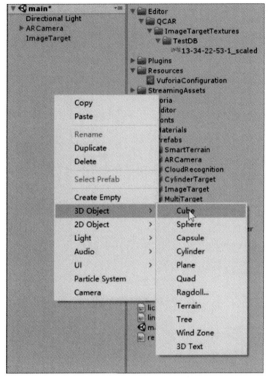

图 10-18　创建新模型样例

对于刚刚建立的模型很多人认为看不见，其实是因为没有设置该模型的大小和位置，在图 10-19 右边红色区域中设置模型的大小及位置。第一行用来设置模型位置，第二行用来设置旋转角度，最下面一行用来设置模型的大小，为了能看见模型，可以将其设置得大一点，如全都设置为 100，或者更大，使其显而易见。

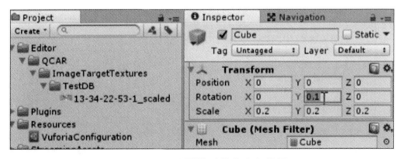

图 10-19　设置模型的大小和位置

接下来可以调整或更改模型的颜色，首先选择自己导入的识别图所在的文件夹，然后在右边文件列表区域空白处右击，弹出快捷菜单，选择 Material 创建一个 Material 材质，子菜单中即是可以调整的属性，如更换颜色等，如图 10-20 所示。选中创建的 Matertal 直接拖到模型上面，就可以设置模型的颜色，如图 10-21 所示。

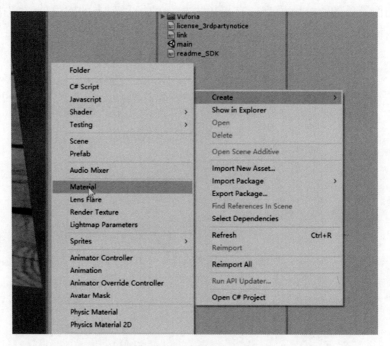

图 10-20　创建 Material

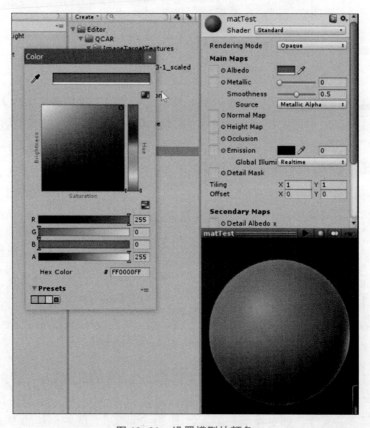

图 10-21　设置模型的颜色

至此，AR 的一个简单项目就制作完成了，下面将告诉大家如何将该项目打包到手机端。3D 模型可以自己用 3DS Max 制作，如果不会，可以先在网上查询，然后导入 Unity，或者直接添加一个基本模型供预览。导入模型文件后，同样将 FBX 文件拖入场景，放到 Image Target 成为其子对象，自己调整大小方向角度等参数（FBX 是一种用于三维模型交换的文件格式，可以将所有三维模型的相关信息整合在一起，如网络、动画、成员、相机和灯光等）。

3. AR 的打包发布

打开上面的 AR 项目，单击 File→Build Settings，如图 10-22 所示。

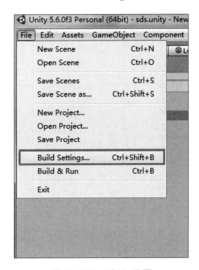

图 10-22　建立设置

然后出现 Platform 对话框，Platform 列表中会出现各个平台，这里我们先选择发布到 Android，然后单击 Player Settings 按钮，如图 10-23 所示。

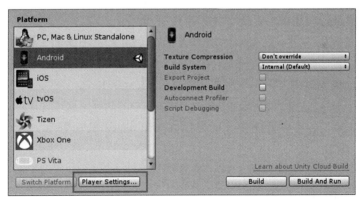

图 10-23　选择发布的平台类型

这里需要注意的是，要发布到某个平台必须预先安装其 SDK，因此，先下载 Android 的 SDK。Android 的 SDK 到官网下载即可。补充一下，要发布 Android App，需要下载 Java 环境，Java 环境安装教程链接为：http://blog. csdn. net/geekerstar/article/details/52589663。

接下来继续单击 Player Setting，看到右侧有如下菜单，选择 Android Settings，如图 10-24 所示。

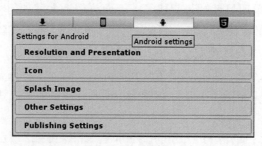

图 10-24　设置属性

在此界面可以更改相关设置，这里注意一下，单击 Other Settings，将 Bundle Identifier 参数进行修改，如图 10-25 所示。

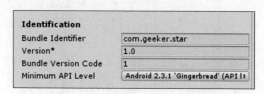

图 10-25　设置模型产品信息

其他参数自己设置，最后单击 Build 按钮即可。至此，AR 的虚拟人物制作便完成了，打包出来之后就是手机可以运行的 AR 移动端开发软件。将其安装在手机上便可以用手机扫描自己所选择的识别图，从而显示虚拟人物。

10.2.3　AR 移动端开发注意事项

经过 AR 实战，同学们想必也对"元宇宙技术之一：虚拟现实基础"这门课程产生了兴趣，为了将知识掌握得更牢固，还需关注以下注意事项。

（1）在开始建立场景时，需要删除所有摄像头，因为若不删除，则会导致后面制作摄像头的杂乱。

（2）在拖拽 AR 摄像头之后，一定要记得复制 License Key。

（3）在添加识别图之后，一定要记得勾选 Datasets 中的两项，这步骤很多同学容易忽略。

（4）确保 Image Target 位置调整到能显示在 ARCamera 的视野里，运行之前能在 Game 窗口看到最终的效果。

 习　题

1. 简述 Vuforia 的特点。
2. 简述 AR 导入识别图的步骤。
3. AR 开发的重点注意事项有哪些？
4. AR 打包发布的前提条件是什么？
5. 试实现本章基于 Vuforia+ Android 的 AR 移动端开发实例。

参 考 文 献

［1］ 杨刚，张俊. VR 虚拟现实最新技术及应用. 北京：雷课教育. 2017.

［2］ 吕云，王海泉，孙伟. 虚拟现实理论、技术、开发与应用［M］. 北京：清华大学出版社，2018.

［3］ 刘甫迎，刘光会，王蓉，等. C#程序设计教程［M］. 5 版. 北京：电子工业出版社，2019.

［4］ 刘甫迎，刘焱，谭宁波，等. 大数据原理与技术［M］. 北京：电子工业出版社，2022.

［5］ 刘甫迎，杨明广，刘焱，等. 云计算原理与技术［M］. 北京：北京理工大学出版社，2022.

［6］ 郭英剑. ChatGPT 冲击波已来，高等教育应做好准备［J］. 中国科学报，2023.

［7］ 苹果首款 AR 眼镜 Apple Vision Pro 登场，欢迎来到空间计算时代. https://baijiahao. baidu. com/s？id＝1768014057392883971&wfr＝spider&for＝pc

［8］ 配上 ChatGPT 的 AR 眼镜. https://www. bilibili. com/read/cv23026228. 2023.

［9］ Unity 7.6 测试版发布，6 年来首次重大更新. 深圳：开源中国.

［10］ 玩转 Unity 云桌面云主机远程桌面. https://blog. csdn. net/qq＿37310110/article/details/127207364. 2022.

［11］ 刘文静. 基于虚拟现实技术的校园漫游系统［D］. 中国海洋大学. 2015.

［12］ 光场成像的历史与发展. https://blog. csdn. net/CSS360/article/details/110308208.

［13］ PTGui 软件怎么用？如何利用 PTGui 制作 vr 全景图. https://weibo. com/ttarticle/p/show？id＝2313501000014433537200685189

［14］ 什么是虚拟现实、增强现实、增强虚拟、混合现实. https://baijiahao. baidu. com/s？id＝1757977311711594469&wfr＝spider&for＝pc.